치올콥스키가 들려주는 우주 비행 이야기

치올콥스키가 들려주는 우주 비행 이야기

ⓒ 송은영, 2010

초 판 1쇄 발행일 | 2005년 9월 29일
개정판 1쇄 발행일 | 2010년 9월 1일
개정판 12쇄 발행일 | 2021년 5월 31일

지은이 | 송은영
펴낸이 | 정은영
펴낸곳 | (주)자음과모음

출판등록 | 2001년 11월 28일 제2001-000259호
주   소 | 04047 서울시 마포구 양화로6길 49
전   화 | 편집부 (02)324-2347, 경영지원부 (02)325-6047
팩   스 | 편집부 (02)324-2348, 경영지원부 (02)2648-1311
e-mail | jamoteen@jamobook.com

ISBN 978-89-544-2026-6 (44400)

치올콥스키가 들려주는

우주 비행

이야기

| 송은영 지음 |

|주|자음과모음

치올콥스키를 꿈꾸는 청소년을 위한 '우주 비행' 이야기

창의적인 사고를 할 수 있게 하는 것은 생각하는 힘입니다. 인류가 이만큼의 문명을 이룰 수 있었던 것도, 다른 동물과 차별되는 생각하는 힘을 유감없이 발휘했기 때문입니다. 따라서 생각하는 힘은 아무리 칭찬을 해 주어도 지나치지 않지요.

저는 이러한 취지를 품고, 창의적인 사고를 충분히 키울 수 있는 방향으로 이 글을 썼습니다.

하늘은 우리의 마음을 들뜨게 하지요. 밤하늘을 바라보면서 지구 밖 미지의 공간으로 날아가 보고 싶다는 생각을 품어보지 않은 사람은 없을 겁니다. 그러나 우리는 그러한 뜻을 마음속에만 고이 간직해야 했습니다. 지구를 벗어난다는 건 그만큼 어려운 일이기 때문이지요.

하지만 그 꿈을 언제까지나 마음속에만 가둬 둘 수만은 없습니다. 이 꿈을 실현시키기 위해서는 우선 우주로 날아갈 수 있게 하는 원리를 합리적이고 논리적으로 탄탄히 터득해야 합니다.

그래서 이 책에서는 우주 비행의 현상학적 나열보다는, 그 밑바닥에 깔려 있는 기본 원리를 사고 실험으로 자세하게 펼쳐 놓았답니다.

우주 비행에 대한 여러분의 꿈이 튼실하게 영글기를 바랍니다.

늘 빚진 마음이 들도록 한결같이 저를 지켜봐 주는 여러분과 이 책이 나오는 소중한 기쁨을 함께 나누고 싶습니다. 그리고 책을 예쁘게 만들어 준 (주)자음과모음 직원들에게도 감사의 말을 전합니다.

송 은 영

차례

1

지구를 넘어 우주로

비행기는 왜 우주로 나아가지 못하는 걸까요?
우주 속도와 중력에 대해 알아봅시다.

1

첫 번째 수업
지구를 넘어 우주로

치올콥스키는
인류의 간절한 소망을 이야기하며
첫 번째 수업을 시작했다.

우주로 향한 꿈과 치올콥스키

"아, 우주로 날아가고 싶어!"

지구를 벗어나 우주로 날아가고 싶은 꿈은 인류가 오랫동안 품어 온 간절한 소망 가운데 하나입니다. 사람들은 지구 밖 세계를 상상하며 그 꿈을 무럭무럭 키웠지요.

그러나 그건 어디까지나 마음속의 바람일 뿐, 그 꿈이 현실로 이루어지는 건 결코 쉬운 일이 아니었습니다. 아니, 그 꿈이 이루어질 것이라고 생각한 사람은 거의 없었다고 하는 편

이 맞을 겁니다. 비행기가 하늘을 날아다닌 20세기 초반까지도 우주 비행이 실현 가능하다고 본 사람은 그리 많지 않았으니까요. 우주 비행은 온갖 공상이 난무하는 상상의 전쟁터로 그칠 뿐이었지요.

그래서 '우주 비행은 반드시 실현 가능하다'거나, '우주는 인간의 새로운 놀이터가 될 거야'라고 외치면 미친 사람 취급을 받곤 했죠. 그 대표적인 인물이 나, 치올콥스키입니다. 사람들은 한때 나를 정신 나간 사람으로 여기기도 했지요. 그러나 이제는 나를 우주 개발의 아버지로 추앙하고 있지요.

나는 우주 비행에 대한 구체적인 방식을 제시했는데, 그 가운데 가장 중요한 내용을 소개하면 이렇습니다.

우주 공간으로 날아가려면 로켓을 사용해야 한다.

로켓은 다단계 방식을 사용해야 한다.

로켓 사용과 다단계 방식 이론은 우주 비행을 가능케 하는 결정적인 이론이 되었습니다. 지금까지 쏘아 올린 그 어떠한 우주선도 이 방식을 채택하지 않은 것이 없으니까요. 러시아의 보스토크와 루나, 미국의 아폴로와 우주 왕복선, 한국의 우리별과 무궁화 위성 등이 모두 지구를 넘어 우주로 향하는 데 이 방식을 이용했지요.

나 같은 걸출한 선각자를 둔 덕분에 나의 조국 러시아는 나, 치올콥스키의 탄생 100주년 되는 해인 1957년에 미국보다 앞서 우주 비행의 장을 활짝 여는 데 성공했지요. 그때 우주로 날아오른 우주선은 스푸트니크 1호였답니다.

과학자의 비밀노트

한국 최초의 인공위성, 우리별

우리별은 한국 최초로 개발한 인공위성으로 1호는 1992년, 2호는 1993년, 3호는 1999년에 발사되었다. 특히 우리별 3호는 한국과학기술원(KAIST) 인공위성 연구 센터에서 1호와 2호의 개발 경험을 바탕으로 독자적으로 설계한 최초의 것으로 성능 면에서도 다른 나라의 동급 소형 위성과 비교하여 전혀 손색이 없다고 평가되고 있다.

비행기가 우주로 날아가지 못하는 이유 · 1

라이트 형제가 플라이어 호를 타고 실질적인 인류 최초의 비행에 성공한 것이 1903년이었습니다. 그리고 미국의 아폴로 11호가 달에 무사히 착륙한 것이 1969년이었습니다. 이 두 역사적인 사건은 70여 년에 가까운 시간 차이가 나지요. 그러니 이런 궁금증이 일지 않을 수 없지요.

"일찍이 하늘을 나는 비행에 성공해 놓고도, 왜 달까지 가는 데는 그리 오랜 세월이 걸린 걸까?"

대체 그 이유가 뭘까요?

지구는 둥그니까 우리 처지에서 보면, 지구 반대편에 있는 사람들은 거꾸로 서 있는 격입니다. 거꾸로 서 있으면 떨어져야 하는 게 당연한 이치이지요.

그런데 그런가요? 아니지요. 지구 반대편에 있는 사람들도 우리처럼 별 이상 없이 걷고 뛰며 마음 편히 활동한답니다. 그 이유는 중력이 작용하고 있기 때문입니다.

지구 중력은 지구 중심으로 끌리는 힘이지요. 그래서 지구를 벗어나려면, 지구 중력을 이겨야 한답니다. 이것은 우주로 나아가는 가장 큰 걸림돌인 셈이지요.

여기서 사고 실험을 해 보겠습니다. 사고 실험은 저울이나

프리즘 같은 실험 도구를 사용해서 직접 해 보는 실험이 아닙니다. 그냥 머릿속에서 생각의 끈을 논리적으로 마음껏 펼쳐 나가는 실험이지요.

아인슈타인은 지금까지 세계적으로 배출된 최고 과학자 중 한 사람입니다. 그런 천재 중의 천재가 지금까지 들어본 적이 없는 이론을 창안해 내기 위해서 아낌없이 이용한 것이 바로 사고 실험이랍니다. 사고 실험을 동원해서 아인슈타인이 세상에 내놓은 대표적인 것이 그 유명한 특수 상대성 이론과 일반 상대성 이론이지요. 그러니 사고 실험을 자주 활용하면 어떻게 될까요? 아인슈타인에 버금가는 위대한 물리학자까지는 아니어도, 창의적인 사람으로는 틀림없이 성장하게 되겠지요.

　　더구나 사고 실험은 꼭 과학을 할 때에만 필요한 게 아니에요. 창의성을 필요로 하는 곳이면, 언제 어디서라도 그 일을 톡톡히 해내지요. 사고 실험은 그만큼 의미 있는 생각 실험이랍니다. 여러분은 사고 실험을 통해 멋진 결과를 이끌어 낼 수 있는 창의적인 자질을 차츰 갖춰 나가게 될 겁니다.

　　자, 나 치올콥스키도 머릿속으로 사고 실험을 할 테니, 여러분도 각자의 머릿속에서 사고 실험을 충실히 해 보세요.

　　그리고 노파심에서 하는 얘기입니다만, 여러분이 하는 사고 실험과 내가 한 사고 실험이 늘 똑같아야 할 필요는 없답니다. 중요한 건 창의적인 생각을 펼친다는 것이고, 그로부터 사고의 폭과 깊이를 넓고 깊게 한다는 것이니까요.

　　자, 그럼 우리 다 함께 사고 실험 속으로 들어가 봅시다.

중력은 위에서 아래로 작용하는 힘이지요.

하늘에서 땅으로 향하는 힘인 거예요.

그러나 우주 비행을 하려면, 중력과 반대로 날아올라야 해요.

땅에서 하늘로 힘차게 솟아올라야 하는 거예요.

중력을 이기고 솟구쳐 오르려면, 무엇보다 속도가 빨라야 해요.

그러니 비행기가 지구 중력을 이기려면, 속도가 충분해야 할 거예요.

그래요, 비행기는 속도가 느려서 우주로 나아가지 못하는 거예요.

맞습니다. 비행기가 속도를 높이면, 우주로 쌩쌩 날아갈 수가 있답니다. 중력을 이길 만큼 충분한 속도를 내지 못하기 때문에 우주로 날아가지 못하는 거지요. 우주로 날아가는 속도를 우주 속도라고 부릅니다.

비행기가 우주로 날아가지 못하는 이유 · 2

우주 속도에는 제1우주 속도와 제2우주 속도, 그리고 제3우주 속도가 있습니다. 제1우주 속도는 인공위성을 지구 상공에 띄워 올리는 속도, 제2우주 속도는 지구를 탈출해서 달에 갈 수 있는 속도이지요. 그리고 제3우주 속도는 태양계를 벗어나서 다른 별 세계로 이동해 갈 수 있는 속도입니다. 이 가운데

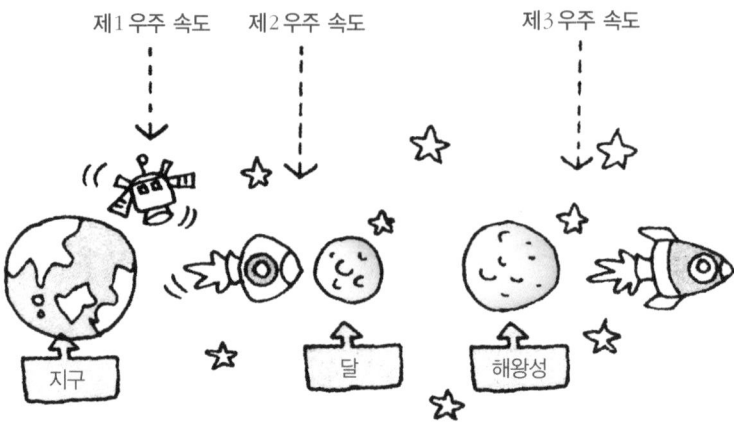

제1우주 속도 　제2우주 속도 　　　　제3우주 속도

지구　　　　　달　　　해왕성

가장 느린 것은 제1우주 속도이고, 가장 빠른 것은 제3우주 속도입니다.

　우주 속도를 제1우주 속도, 제2우주 속도, 제3우주 속도로 나누는 것은 중력이 지구에만 있는 힘이 아니기 때문입니다. 중력은 달에도 있고 태양에도 있고, 그 밖의 모든 별에도 다 있지요.

　그러니 천체를 빠져나오려면 어떻게 해야겠어요? 천체의 중력을 이겨야 할 겁니다. 중력은 천체가 무거울수록 강하지요. 지구, 달, 태양 중에서는 달이 가장 가볍고, 태양이 가장 무겁습니다. 따라서 지구의 중력은 달보다는 강하지만, 태양보다는 약하지요. 그래서 태양계를 벗어나는 제3우주 속도가 가장 빠른 것이랍니다.

비행기는 시속 900km 정도의 빠르기로 날아간답니다. 이 것은 서울에서 제주까지 1시간에 주파할 수 있는 굉장한 속 도입니다. 그러나 이 속도조차 제1우주 속도와 비교하면, 새 발의 피나 마찬가지이지요. 대략 15배나 느리니까요.

비행기가 하늘을 날아오르기는 해도, 우주 비행을 하지 못 하는 결정적인 이유가 바로 여기에 있는 겁니다. 비행기의 속도가 우주 속도에 훨씬 미치지 못하기 때문에 결코 지구를 벗어날 수가 없는 것이지요.

그리고 비행기가 우주로 날아갈 수 없는 또 하나의 큰 이유 는 비행 방향입니다. 우주 비행을 하려면 속도와 함께 솟아 오르는 방향도 중요하답니다. 비행기는 땅바닥에 평행한 자 세로 날아오르지요. 수평하게 날면 멀리는 갈 수 있습니다.

지면

하지만 높게는 날아오르기가 어렵지요.

우주로 날아가려면 수직으로 높이 날아서 지구 중력을 벗어나야 하는데, 수평 자세에서 그걸 이루기는 결코 쉽지 않답니다. 아니, 현재의 과학 기술로는 당분간 실현 불가능하다고 보아도 틀리지 않답니다.

그래서 비행기는 지구 중력을 이기고 우주로 날아갈 수가 없는 것이랍니다.

우주 비행은 반드시 실현 가능합니다. 우주는 인간의 새로운 놀이터가 될 것입니다!

미쳤나 봐.

제정신이 아니군. 소설을 너무 많이 본 거 아냐?

쯧쯧쯧….

우주로 여행하는 것은 인류가 오랫동안 꿈꿔 온 일 중 하나였습니다. 사람들은 밤하늘을 바라보면서 그 꿈을 키워 왔지만 몇십 년 전까지 우주 여행은 소설이나 꿈에서만 일어날 수 있는 일이라고 생각했었습니다.

비행기로 하늘을 날기 시작한 후에도 20세기 초반까지 우주 비행이 실현 가능하다고 본 사람은 그리 많지 않았습니다.

우주 비행은 온갖 공상이 난무하는 상상의 전쟁터로 그칠 뿐이었습니다. 우주 여행이 가능할 거라는 주장을 하면 미친 사람 취급을 받곤 했죠.

저 역시 마찬가지였습니다. 그러나 지금은 상황이 달라졌죠.

어머, 아직도 정신을 못 차렸나 봐! 병이 있는 게 아닐까?

바로 저와 같은 사람이 있었기에 오늘날 우주 비행이 가능해진 거라고 할 수 있습니다. 지금은 모두 나를 우주 개발의 아버지로 추앙하고 있지요.

치올콥스키 박사 · 우주

와~, 우주 개발의 아버지다!!

2

우주선의
발사 원리와 연료

우주선은 어떻게 날아갈까요?
우주선의 발사 원리와 연료에 대해 알아봅시다.

두 번째 수업

우주선의
발사 원리와 연료

교. 고등 물리 II   1. 운동과 에너지
과.
연.
계.

치올콥스키는 우주 비행을 하려면
엄청난 속도가 필요하다며
두 번째 수업을 시작했다.

풍선이 앞으로 날아가는 이유

　지구에 머무른 채, 우주 여행을 할 수는 없어요. 우주 여행을 하려면 어떻게 해서든 지구를 벗어나야 해요. 그것도 아주 빠르게 말이에요. 비행기로는 낼 수 없는 우주 속도가 그래서 필요한 것입니다.

　우주선의 속도를 끌어올리는 방법은 일단 추진력을 높이면 된답니다. 엔진 출력이 강하면 강할수록 자동차의 속도를 높일 수 있는 것이나 마찬가지예요. 이것이 우주선에 고성능의

엔진과 엄청난 양의 연료를 부착하는 이유랍니다.

하지만 같은 엔진과 연료를 달고도 더 큰 효율을 얻을 수 있는 방법이 있어요. 이것은 내가 가장 먼저 창의적으로 생각해 낸 방법이지요. 이번 이야기에서는 이에 대해서 알아보도록 하겠습니다.

자, 여러분 사고 실험을 할 준비가 되었나요? 준비가 되었다면 상상의 나래를 활짝 펴 보는 여행을 시작해 보도록 합시다.

입으로 힘껏 풍선을 불었어요.

풍선이 터질 듯하게 팽팽해졌어요.

풍선의 끝을 꼭 쥐고 있던 손가락을 떼었어요.

그러자 쉬이익 소리를 내며, 풍선의 바람이 빠졌어요.

그와 동시에 풍선이 앞으로
휙 날아가 버렸어요.
이유가 뭘까요?
풍선을 민 것도 아닌데, 스
스로 날아간 이유가 말이
에요.

여기에는 작용과 반작용의 법칙이 숨어 있답니다. 작용과
반작용의 법칙이란, 작용이 있으면 그에 상응하는 반작용이
반드시 있어야 한다는 법칙이지요.
예를 들어서 설명해 보겠습니다.

문이 열려 있어요.
문을 발로 찼어요.
문이 쿵 하고 닫혔어요.

문이 왜 닫혔지요? 그래요. 발이 힘을 가했기 때문이에요.
이것이 작용이랍니다. 그리고 작용과 반작용의 법칙에 따라
서 이러한 작용에 대응하는 반작용이 꼭 있어야 할 거예요.
그것이 무엇일까요?

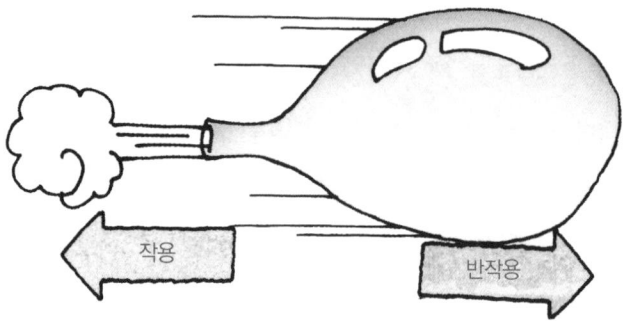

작용

반작용

　문을 쾅 하고 찼으니 발이 아플 겁니다. 발이 왜 아프지요? 발이 문에만 힘을 가했다면, 발은 아프지 않을 겁니다. 작용과는 반대쪽으로 힘이 일어났기 때문에 발이 아픈 겁니다. 작용과 반대쪽 힘이라면, 문이 발에 힘을 가하는 것일 거예요. 이것이 문이 발에게 가한 반작용이랍니다.

　이제는 이 원리를 풍선의 상황에 적용해 보세요. 풍선에서 바람이 빠진 것을 작용으로 본다면, 반작용은 그 반대쪽으로 나타나야 할 거예요. 풍선의 바람이 빠지는 방향과 반대쪽이라면, 앞으로 나가는 것이겠죠. 이것이 풍선이 앞으로 휙 날아가는 이유예요.

3단 로켓 발사 · 1

우주선의 발사에도 작용과 반작용의 원리를 적용할 수가 있습니다. 반작용의 힘으로 우주선을 솟구쳐 오르게 하는 것이지요.

달에 갔다 온 우주선 아폴로 11호의 몸체는 100m가 넘는답니다. 30~40층 높이의 아파트 한 동이 우뚝 서 있는 격이지요. 그러나 이 거대한 몸뚱이 전체가 우주로 날아가는 것은 아니랍니다. 대개의 우주선은 크게 네 부분으로 이루어져 있지요. 가장 밑에 1단 로켓이 있고, 그 위로 2단 로켓과 3단 로켓이 있어요. 이 가운데 실제 우주로 날아가는 부분은 3단 로켓 위에 위치한답니다.

그렇다면 1단, 2단, 3단 로켓을 우주선에 매단 이유는 무엇일까요? 우주로 날아가는 것도 아닌데 말이에요.

이 궁금증을 사고 실험으로 풀어 보도록 해요.

우주선이 떠오를 준비를 하고 있어요.

우주선이 지구 중력을 이기고 나아가려면, 엄청나게 빠른 속도로 치솟아 올라야만 해요.

그러자면 연료가 충분해야겠지요.

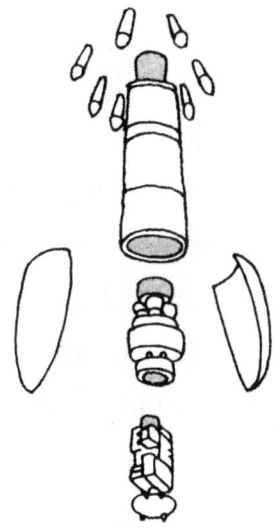

연료가 중간에 바닥이 나선 안 될 거예요.

우주선이 목표 지점에 안착할 때까지 속도를 유지해 주어야 하니까요.

그전에 연료를 다 써 버리면 우주 비행을 계속하기 어려울 거예요.

그렇다고 해서 연료가 넘치게 있을 필요도 없어요.

우주로 올라갈 수 있을 만큼만 적당히 있으면 될 거예요.

그래요. 1단, 2단, 3단 로켓은 인공위성이나 사람이 탄 작은 우주선을 쏘아 올리기 위해서 매단 연료일 뿐이에요. 시뻘건 불기둥을 내뿜어서 우주선이 지구 중력을 이기도록 도와주는 것이지요.

3단 로켓 발사 · 2

로켓의 기능을 알았어요. 하지만 궁금증이 다 풀린 건 아니에요. 왜 로켓의 연료를 1단, 2단, 3단으로 나눈 걸까요? 큰통 하나에다 연료를 가득 담아서 우주선에 연결해도 될 텐데말이에요.

이 답도 사고 실험으로 해결해 보도록 해요.

우주선 밑에 매단 연료통을 보세요.

엄청나게 크잖아요.

그 안에 연료가 가득 담겨 있으니 양이 엄청날 거예요.

1단, 2단, 3단 로켓이 싣고 있는 연료는 어마어마한 양이에요. 연료의 무게가 자그마치 수백 톤이나 나가니까요. 로켓위에 있는 인공위성이나 사람이 탄 작은 우주선은 기껏 해 봐야 100톤도 안 나간답니다.

사고 실험을 계속할까요?

가벼우면 가벼울수록 날아오르기가 수월할 거예요.

그러니 우주선 전체의 무게를 줄이면, 우주선이 솟아오르는 것도

한결 가뿐할 거예요.

그렇다면 무엇인가를 줄이는 게 좋겠죠?

우주선 몸무게의 대부분을 차지하는 연료를 줄일까요?

그럴 수만 있다면 참 좋을 거예요.

연료를 적게 쓰니 돈도 절약할 수 있고, 무게가 가벼우니 비행하기

도 수월할 테니까요.

금상첨화가 따로 없는 거지요.

그러나 아쉽게도 연료를 빼내어 줄일 수는 없어요.

그랬다간 우주선이 우주 공간으로 날아가지 못할 거예요.

그건 우주 비행을 하지 않겠다는 말과 같답니다.

그럼 어떻게 하는 게 가장 좋을까요?

그래요. 이미 다 써 버려서 소용이 없게 된 걸 버리는 거예요.

연료를 담고 있는 통을 생각해 보세요.

엄청난 양의 연료를 담고 있으니, 그 크기도 만만치가 않지요.

그러니 무게도 상당할 거예요.

연료통을, 무게를 거의 느낄 수 없는 가벼운 비닐로 만들 수 있는 것도 아니잖아요.

금속으로 만든 그만한 크기의 연료 통은 분명 무게도 엄청날 거예요.

하지만 우주선이 하늘로 오를수록 연료 통은 차츰차츰 비워질 거예요.

연료를 사용해서 비워진 연료 통의 공간은 아무런 쓸모가 없어요.

그냥 달고 있어 봐야, 우주선이 날아오르는 데 방해가 될 뿐이죠.

쓸데없이 무게만 차지할 뿐이지요.

이제 감이 좀 잡히나요?

맞아요. 연료가 들어 있지 않은 연료 통을 우주선이 날아오르는 중간마다 떨어뜨리는 거예요.

하지만 여기서 주의할 점이 있어요. 연료 통 전부를 떼어 내서는 안 된다는 거예요. 그렇게 되면 연료가 남아 있지 않게 되어서, 우주선이 더는 날아오르지 못하고 땅으로 곤두박질치게 돼요.

자, 사고 실험을 계속 이어 나가도록 해요.

연료를 반쯤 사용했다고 해 봐요.

그런데 연료 통이 기다란 하나의 통으로 이어져 있다면 어쩌겠어요.

연료가 비어서 더는 쓸모없어진 공간을 중간에 떼내 버릴 수가 없을 거예요.

이렇게 되면 연료를 다 소모할 때까지 쓸모없는 부분도 그냥 달고 있을 수밖에 없어요.

이건 효율적이지 못해요.

반면, 연료 통이 둘로 나누어져 있다고 해 봐요.

그러면 더는 붙어 있을 필요가 없는 절반의 공간을 휙 떼어 버려도 별다른 문제가 없을 거예요.

연료가 적게 들어서 좋고, 우주선은 한결 가벼워졌으니

더욱 가뿐히 날아오를 수 있는 것입니다.

꿩 먹고 알 먹는 셈이 되겠죠.

이젠 알겠지요? 연료 통을 하나로 만들지 않고, 여러 개로 나누어서 우주선에 매다는 이유를 말이지요.

현재까지의 우주 기술로는 3단 연료 통을 사용하는 것이 가장 효율적인 방법입니다. 3단 로켓의 연료가 다 탈 즈음이면, 우주선은 어느덧 우주 공간으로 접어들게 되니까요.

3단 연료 로켓의 아이디어는 앞서 말했듯이, 나 치올콥스키가 내놓은 이론이랍니다. 나는 하나의 단일 로켓보다 3단 로켓을 이용하면, 지구 중력을 넘어 우주 공간으로 진입하는

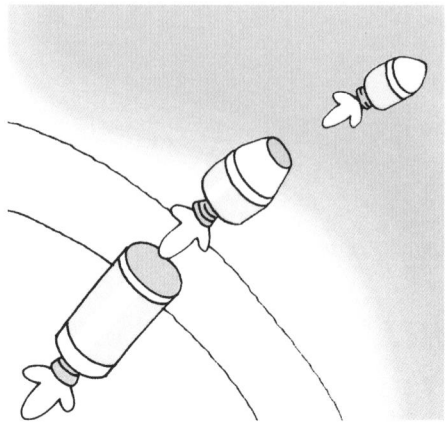

데 한결 수월할 것이라고 확실하게 예언했지요. 이러한 생각
은 미국의 달 탐사 계획인 아폴로 우주선에 그대로 적용되었
답니다.

로켓 연료

우주선은 연료 통에 어떤 연료를 담을까요? 자동차에 넣는
석유를 넣을까요? 아니면 비행기에 넣는 기름을 넣을까요?

자동차는 경유나 가솔린을 연료로 사용하지요. 그리고 비
행기는 항공유라는 연료를 사용합니다.

그러나 로켓의 연료는 이것과 큰 차이가 있답니다. 우선은

자동차가 움직이고 비행기가 떠오르는 정도의 폭발력으로는
지구를 벗어나기가 어렵기 때문이지요. 또한 불을 붙여 주는
문제가 있지요.

산소가 없으면 불이 붙지 않습니다. 불이 붙으려면 반드시
산소가 있어야 한단 말이지요. 불이 붙도록 도와주는 산소와
같은 물질을 산화제라고 합니다.

땅에서 달리는 자동차는 말할 것도 없고, 비행기도 지구를
벗어나지는 않습니다. 지구 대기권 안에서 비행을 한다는 뜻
이지요. 지구 대기권 내에는 산소가 있어요. 그래서 비행기
는 언제든지 얼마라도 공기 중에서 산소를 공급받을 수가 있
지요. 비행기에 산화제를 굳이 싣고 다닐 필요가 없는 이유

입니다.

그러나 우주선은 사정이 다르답니다. 높이 오를수록 산소가 점점 희박해지다가 우주 공간으로 들어서는 순간 아예 존재하지 않게 되지요. 산소가 없으면 불을 지필 수가 있나요? 그래요. 아무리 애를 써도 불을 붙일 수가 없습니다. 그러니 연료가 무슨 소용이 있겠어요. 아무리 좋은 연료라고 해도 쓸모없는 짐일 뿐이지요. 그래서 우주선은 연료뿐 아니라 산화제도 함께 싣고 날아오른답니다.

연료에다가 산화제까지 실어서 우주선을 띄워 올려야 하니, 웬만한 폭발력으로는 어림도 없을 겁니다. 아폴로 11호가 떠오를 때 로켓이 내뿜은 폭발력이 얼마나 강했던지 전망대

의 유리가 부서질 정도였어요. 그리고 당시 발사 상황을 지켜보던 기자는 건물 전체가 흔들리고 있다며 흥분된 목소리로 방송했을 정도였답니다.

우주선 로켓에 들어갈 연료로는 대개 화학 연료를 사용합니다. 화학 연료는 고체 연료와 액체 연료가 있지요.

고체 연료는 불꽃놀이할 때 많이 이용합니다. 쉽게 생각해서, 옛날부터 널리 사용해 온 화약이 고체 연료라고 생각하면 됩니다. 고체 연료는 딱딱한 물질로 이루어져 있어서 저장하기가 쉽다는 것이 장점이지요. 하지만 한 번 불이 붙으면 불꽃을 제어하기가 어렵다는 것이 단점이랍니다.

이와 달리 액체 연료는 밸브를 이용해서 활활 타오르는 시

뺄건 불꽃을 언제라도 잠재울 수가 있지요. 연료가 나가는 통로를 막으면 연료의 공급을 차단할 수가 있거든요. 액체 연료는 불꽃 제어가 쉽다는 이점뿐 아니라, 고체 연료보다 폭발력이 월등하다는 장점까지 있습니다.

그래서 연료에 산화제까지 실은 엄청난 무게의 우주선을 지구 밖으로 띄워 올리는 데는 고체 연료보다 액체 연료가 더 효과적일 수밖에 없답니다. 아폴로 11호를 달에 보내는 데도 액체 연료 로켓을 사용했어요.

그러나 액체 연료 로켓은 고체 연료 로켓보다 좀 더 복잡하고 만드는 데 비용이 많이 든다는 단점이 있습니다.

로켓 연료는 우주선을 앞으로 날아가게 하는 힘을 만들어 냅니다. 이 힘을 추력이라고 부릅니다. 즉, 로켓 연료의 반작용으로 생기는 추진력이 추력인 것이지요. 추력은 우주선을 발사하는 데 중요한 구실을 한답니다.

멋지다! 그런데 어떻게 로켓이 저렇게 멀리까지 날아갈 수 있는 거죠?

궁금한가요? 비록 장난감 로켓이지만 원리는 실제 로켓과 같답니다.

로켓의 원리요? 어떤 원리인가요?

작용과 반작용의 원리예요. 로켓은 바로 반작용의 힘으로 하늘로 솟구쳐 오르게 된답니다.

우주선도 이런 로켓의 원리를 이용해 우주까지 날아갑니다. 그러나 거대한 우주선의 몸뚱이 전체가 다 우주로 날아가는 것은 아니랍니다.

그래요?

대개 가장 밑에 1단 로켓이 있고, 그 위로 2단 로켓과 3단 로켓이 있어요. 이 가운데 실제 우주로 날아가는 부분은 3단 로켓 위에 위치한답니다.

그럼 왜 1단, 2단, 3단 로켓을 우주선에 매단 거죠?

그건 우주선이 지구 중력을 이기고 우주로 날아가기 위해서는 엄청나게 빠른 속도로 치솟아 올라야 하기 때문입니다. 빠른 속도를 내기 위해서는 당연히 우주선의 연료가 충분해야겠지요?

그렇겠네요.

그래서 이 많은 연료를 싣기 위해선 연료 통이 필요한데, 다 쓴 무거운 연료 통을 굳이 우주까지 가지고 갈 필요가 없기 때문에 1, 2, 3단 로켓은 버려지는 것이죠.

아하, TV에서 발사 장면을 봤을 때 로켓이 분리된 이유가 그 때문이었군요.

3

우주선의
발사 환경과 장소

우주선을 발사하기 좋은 장소는 어디일까요?
우주선의 발사 환경과 장소에 대해 알아봅시다.

3

세 번째 수업

우주선의
발사 환경과 장소

치올콥스키는 우주선을 발사할 때
고려해야 할 것이 많다며
세 번째 수업을 시작했다.

우주선과 마찰열

우주선을 우주 공간으로 쏘아 올리려면 여러 가지 사항을 고려해야 합니다. 공기의 저항은 어떤 효과를 낳는지, 바람은 어떤 영향을 주는지, 발사 당일의 날씨는 어떤지, 지구의 자전과 공전을 어떻게 활용해야 하는지 등등 말이에요.

이러한 요인을 무시하고 우주선을 그냥 쏘아 올릴 수는 없답니다. 그래서 바람이 불거나 눈이 내리고 비가 오면, 날씨가 좋아질 때까지 우주선 발사를 미뤄야 하지요.

그러나 내키지 않는다고 해서 미룰 수 없는 게 있어요. 그것은 공기의 효과예요. 공기는 없다가 있고, 있다가 없어지는 게 아니잖아요. 지구 대기권 안에는 많고 적음의 차이는 있어도, 늘 공기가 퍼져 있지요. 그래서 우주선이 치솟아 오르게 되면 공기와 부딪칠 수밖에 없어요.

자, 여러분 사고 실험을 할 준비는 되었겠지요. 우주선을 발사할 때 공기의 어떤 효과를 충분히 고려해야 하는지를 알아보겠어요.

손을 비비면 열이 나지요.

마찰열이 발생하는 거예요.

마찰열은 천천히 문지르는 것보다 빨리 문지를수록 더욱 뜨거워져요.

승용차나 비행기나 우주선도 마
찬가지예요.

승용차가 도로를 달리고, 비행
기가 하늘을 날 때 공기와 부딪
치게 돼요.

물론 우주선이 하늘로 솟구쳐 오
를 때도 공기와 부딪치게 돼요.

그러나 이들이 공기와 부딪쳐서
나타나는 결과는 아주 달라요.

움직이는 속도가 현저하게 다르기 때문이에요.

승용차는 비행기보다 한참 느리고, 비행기는 우주선보다 한참 느려요.

그러니 공기가 다가와서 마찰하는 효과도 다르겠지요.

우주선이 가장 빨리 달리니 공기와의 마찰도 가장 클 거예요.

우주선이 공기와 충돌했을 때 생기는 마찰열이 가장 뜨겁다는 얘
기지요.

이에 비해서 승용차나 비행기는 마찰열이 그다지 심하지 않아요.

그래서 별다른 조치를 취하지 않아도 이상이 생기지 않아요.

하지만 우주선은 다를 수밖에 없습니다.

승용차나 비행기를 만드는 물질로 우주선을 제작해서는
안 된다는 뜻이에요.

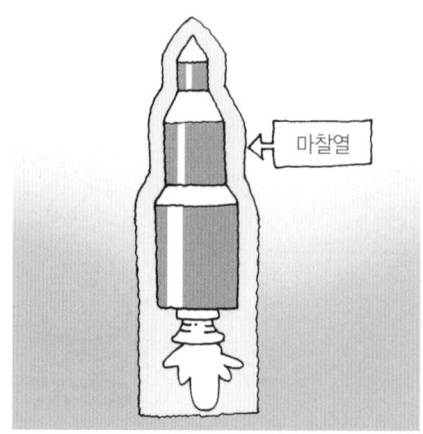

마찰열

그렇습니다.

우주선의 속도가 워낙 엄청나고 마찰열이 커서 웬만한 물질은 그냥 녹아 흘러내리거나 그 열기에 버티지 못하고 순식간에 불꽃의 재로 변해 버리지요. 그래서 마찰열을 어떻게 얼마나 효과적으로 줄이느냐 하는 것은 우주 비행을 성공적으로 이끄는 중요한 관문이 된답니다.

우주선이 공기와 마찰을 하게 되면 우주선의 표면은 1,000℃ 남짓한 온도까지 치솟게 됩니다. 이만한 온도를 견딜 만한 물질은 흔하지 않지요. 그래서 열에 강한 물질을 우주선 몸체에 꼼꼼히 붙이는 것이에요. 열에 강한 물질을 내열 물질이라고 하는데, 일반적으로 도자기 성분의 내열 타일을 사용한답니다.

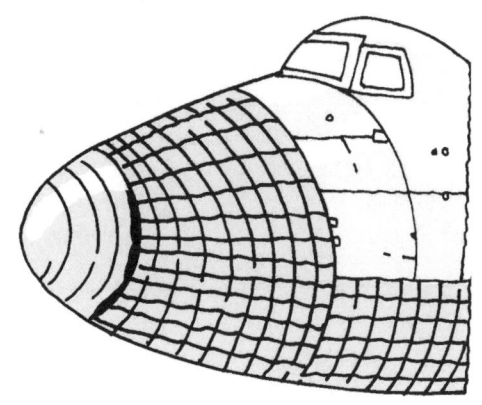

　이렇듯 마찰열이나 기상 상태는 우주선을 발사하는 데 적잖은 장애가 되는 요인이랍니다. 그렇다면 우주선 발사에는 늘 극복해야 할 어려움만 있는 것일까요?

　이어지는 이야기를 차분하게 읽어 보세요.

발사 장소 · 1

　모든 것에는 다 그에 걸맞은 장소가 있습니다. 예를 들어서 축구는 축구 경기장에서 하는 것이 좋고, 야구는 야구 경기장에서 하는 것이 좋지요. 물론 축구를 야구 경기장에서 하면 안 되고, 야구를 축구 경기장에서 하면 안 된다는 법은 없

습니다. 그러나 최선은 아니겠지요. 축구는 축구 경기장에서, 야구는 야구 경기장에서 해야 관중이 보기에도 좋고, 경기도 한층 흥미진진해지니까요.

우주선을 발사하는 것도 다르지 않답니다. 아무 데서나 우주선을 발사할 수는 있습니다. 서울 도심 한복판에서 발사할 수도 있고, 백두산 정상에서 발사할 수도 있습니다. 그러나 이곳이 최적의 장소는 아니랍니다. 그렇다면 자연스레 의문이 생기지요?

우주선을 발사하기에 가장 좋은 장소는 어디일까?

이 의문의 답은 속도에 있습니다. 우주선과 비행기를 나누는 가장 큰 기준이 무엇이었지요? 그래요, 속도였습니다. 우주 속도를 낼 수 있으면 우주선이 되고, 그렇지 못하면 비행기가 되는 거지요. 그만큼 속도는 우주 비행을 하는 데 무엇보다 먼저 고려해야 하는 요소인 것입니다. 그러니까 속도의 이득을 볼 수 있는 방법을 찾을 수 있으면, 우주선을 발사하는 데 여러모로 이로울 겁니다. 그렇다면 속도를 덤으로 얻어서 우주 비행을 할 수는 없을까요?

공을 그냥 던지는 것보다 버스나 기차에 탄 상태에서 던지면 어떻게 되지요? 그렇습니다. 더 빠르게 날아갑니다. 공이 버스나 기차의 속력을 덤으로 얻었기 때문이지요.

이 아이디어를 우주선 발사에도 그대로 적용할 수가 있습니다. 이때 긴요하게 이용하는 것이 지구의 자전과 공전 속도입니다.

지구는 하루에 한 바퀴씩 회전을 하지요. 이것을 지구의 자전이라고 합니다. 지구의 자전 속도는 초속 500m 남짓한 빠르기입니다. 즉, 1초에 500m를 날아가는 빠르기이지요. 그리고 지구는 일 년에 한 바퀴씩 태양의 둘레를 돕니다. 이것을 지구의 공전이라고 하지요. 지구의 공전 속도는 초속 30km남짓한 빠르기입니다. 즉, 1초에 30여 km를 날아가는 빠르기이지요.

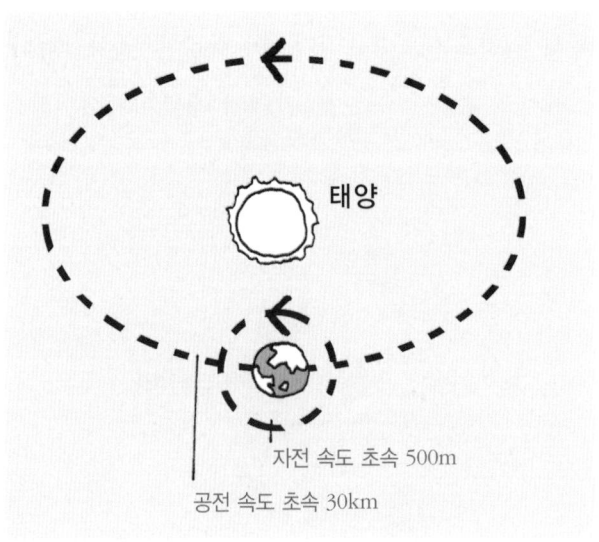

태양

자전 속도 초속 500m

공전 속도 초속 30km

1초에 500m를 날고, 30여 km를 나는 속도라······. 한마디로 엄청난 속도가 아닐 수 없습니다. 더구나 지구의 자전과 공전 속도는 우리가 따로 에너지를 들여서 만들어 내는 속도도 아니에요. 그냥 공짜로 얻는 것이나 마찬가지 속도예요. 그러니 이 굉장한 속도를 우주 비행에 이용할 수 있으면 정말 좋을 겁니다.

여기서 간단히 사고 실험을 해 보도록 하죠.

버스나 기차가 움직이는 쪽으로 공을 던지면 공의 속도가 빨라져요. 그렇다면 지구가 자전하고 공전하는 쪽으로 우주선을 발사하면

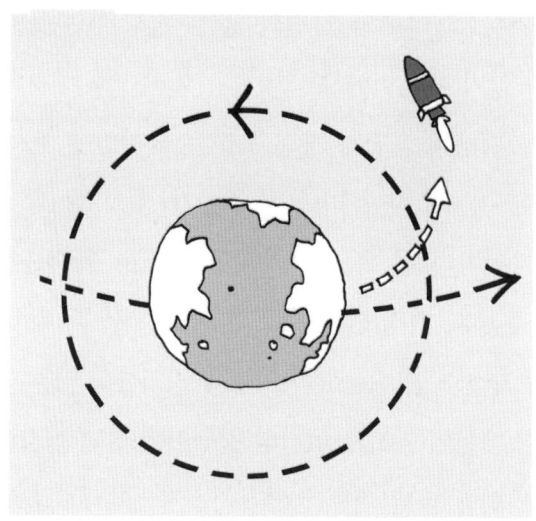

어떻게 되겠어요?

맞아요, 우주선의 속도가 절로 빨라질 거예요.

지구의 자전과 공전 속도를 덤으로 얻게 되는 셈이니까요.

그래서 우주 비행을 할 때는 꼭 이 방향으로 발사를 해요.

발사 장소 · 2

그런데 말이에요, 지구가 자전하고 공전하는 방향으로 우주선을 발사하는 건 좋은데, 여기에도 고려해야 할 사항이 있어요. 어디서 발사하느냐에 따라 이득을 보는 속도에 차이가 생기거든요. 지구의 자전과 공전 속도가 곳곳마다 항상 똑같지가 않기 때문이에요.

그래요, 지구의 공전과 자전 속도는 극지방에 가까운지, 적도 지방에 가까운지에 따라서 차이가 많이 나요. 그러니까 지구의 자전과 공전 속도가 최대인 곳에서 우주선을 발사하면 가장 좋겠죠. 가장 많은 속도의 이득을 볼 테니까요.

지구의 자전과 공전 속도가 이렇게 지역마다 다른 이유는 회전하는 힘 때문이에요. 놀이터의 뱅뱅이를 한번 생각해 보기로 해요. 뱅뱅이를 타면 가운데보다 가장자리에 서 있을 때가 더

무섭지요. 가장자리로 갈수록 밖으로 밀려나려는 힘이 강해지기 때문이에요. 한마디로, 밖으로 나갈수록 회전력이 강해지는 것이에요. 물체가 회전하면서 생기는 이러한 힘을 원심력이라고 해요.

여기서 사고 실험을 해 볼까요?

회전을 하면 원심력이 생겨요.

원심력은 밖으로 뛰쳐나가려는 힘이에요.

그러니 회전 속도가 빠를수록 원심력이 강해져서,

밖으로 뛰쳐나가려는 힘이 강할 거예요.

원심력은 중심축에서 멀리 떨어질수록 강해요.

지구 중심축에서 가장 먼 곳은 적도 지방이에요.

지구는 회전을 오래 한 탓에, 적도 부근이 약간 부풀어 올라 있어요.
배가 약간 나왔다고 보면 돼요.

그래서 지구 중심축에서 가장 먼 곳이 적도 지역이 되는 거예요.

당연히 적도 지방의 회전력이 최고일 수밖에 없겠지요.

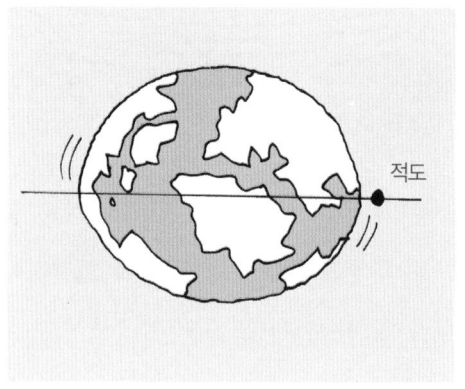

적도는 원심력이 최대인 곳이니, 그곳에서 우주선을 발사
하면 좋겠죠. 밖으로 뛰쳐나가려는 힘이 가장 강하니, 지구
가 회전하는 속도의 이득을 가장 많이 볼 수 있을 테니까요.
그런데 말이에요, 적도 지방은 중력의 효과까지도 덤으로 챙
길 수가 있는 곳이랍니다.

사고 실험을 계속 이어 가요.

지구의 중력은 끌어당기는 힘이에요.

지구의 중력은 지구 중심으로부터 멀수록 약해져요.

적도는 극지방이나 온대 지방보다 지구 중심에서 멀리 떨어져 있어요.

그러니 중력도 가장 약하겠지요?

밖으로 뛰쳐나가려는 회전력은 최대이지만 지구의 중력은 최소이니,

적도 지방은 우주선을 발사하는 데 최적의 장소가 되는 거예요.

적도 지방은 이러한 이점을 두루 지니고 있는 곳이어서 어느 나라든지 이곳에 우주선 발사 기지를 설치하고 싶어 한답니다. 하지만 적도 지역의 땅을 갖고 있지 않은 국가는 어쩔 수 없이 자국 영토 중에서 적도와 가장 가까운 곳에 우주선 발사 기지를 건설하지요.

미국의 우주선 발사 기지가 있는 플로리다도 적도는 아니지만 미국의 남쪽 지방이고, 한국 최초의 우주 센터가 들어설 '외나로도'도 한반도의 최남단 지방인 전라남도 고흥군에 있답니다.

외나로도에 설립할 우주 센터의 이름은 나로 우주 센터입니다. 한국은 지금까지 자체 우주 발사장을 갖지 못해서, 비싼 돈을 지불하고 외국의 우주 발사장에서 인공위성을 발사해 왔지요.

그런데 나로 우주 센터가 건립되면, 한국의 우주 과학 기술을

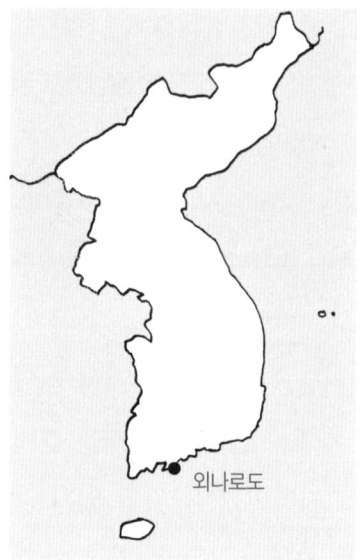

외나로도

발전시키고, 우주 센터 인근 지역도 발전시키는 경제적 효과까지 거둘 수가 있답니다. 그뿐이 아니지요. 가장 적절한 시기에 한국이 원하는 로켓을 마음대로 골라서 발사할 수 있다는 이점도 있지요. 외화를 지출하지 않고도, 한국 땅에서 떳떳하고 자랑스럽게 우주선을 발사할 수 있게 되는 겁니다.

음, 어디에서 발사할까?

발사할 장소를 찾는 중이라면 높은 곳이 낫지 않겠어요?

높은 곳이요?

그래야 중력의 영향을 적게 받을 수 있으니까요. 실제 우주선도 속도의 이득을 볼 수 있는 곳에서 발사를 하거든요.

우선 적도는 원심력이 최대인 곳이니 그곳에서 우주선을 발사하면 좋겠죠. 밖으로 뛰쳐나가려는 힘이 가장 강하니, 속도의 이득을 가장 많이 볼 수 있을 테니까요. 게다가 적도 지방은 중력의 효과까지도 덤으로 챙길 수 있는 곳이랍니다.

중력 효과요?

중력은 끌어당기는 힘이에요. 지구 중력은 지구 중심에서 멀어질수록 약해집니다. 적도 지방은 다른 지방에 비해 지구 중심까지의 거리가 멀어 지구 중력은 최소가 되는데 밖으로 뛰쳐나가려는 회전력은 최대가 되므로 우주선을 발사하기에 더 없이 좋은 장소가 되는 거랍니다.

아~!

그래서 어느 나라든지 우주선 발사 기지를 적도에다 설치하고 싶어 하지만 적도 지역의 땅을 갖고 있지 않는 국가는 어쩔 수 없이 자국 영토 중에서 적도와 가장 가까운 곳에 우주 발사 기지를 건설하지요.

전라남도
고흥
독도

미국의 우주 발사 기지가 있는 플로리다도 적도는 아니지만 미국의 남쪽 지방이고, 한국 최초의 우주 센터가 들어설 외나로도도 한반도의 제일 아래 지방인 전남 고흥군에 있답니다.

4

인공위성

인공위성은 왜 떨어지지 않을까요?
인공위성의 역사와 원리에 대해 알아봅시다.

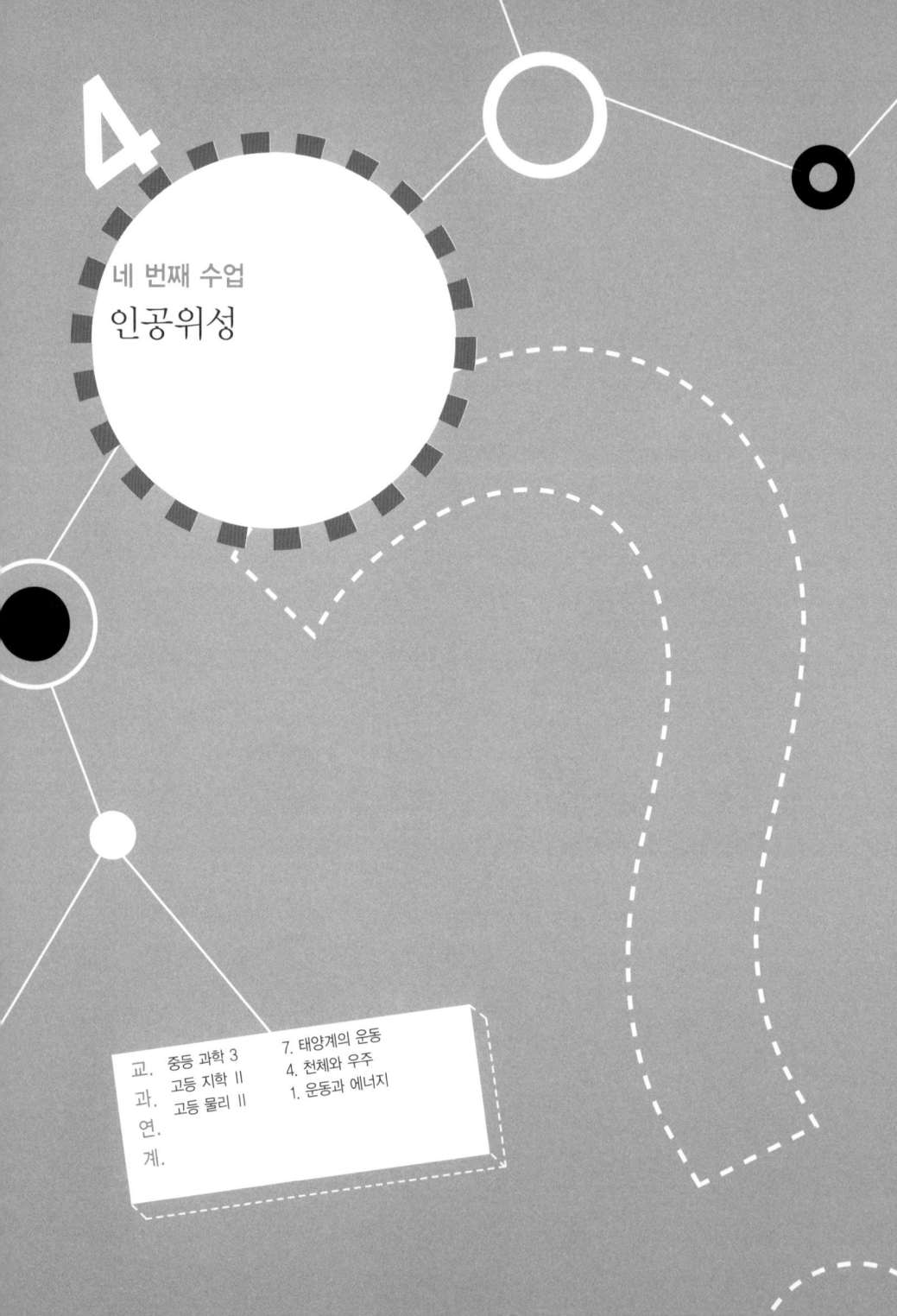

네 번째 수업

인공위성

치올콥스키는 인공위성에 대해
자세히 알아보자며
네 번째 수업을 시작했다.

스푸트니크와 익스플로러 호

제2차 세계 대전이 끝나자, 전 세계는 미국을 중심으로 하
는 민주주의 국가와 러시아를 대표로 하는 공산주의 국가로
나누어졌습니다. 미국과 러시아(당시는 소련)는 모든 면에서
상대에게 지기 싫어하며 열띤 경쟁을 벌였지요. 우주 비행도
마찬가지였답니다.

우주 비행의 포문을 연 나라는 러시아였습니다. 제2차 세
계 대전이 끝났을 즈음, 항공 기술은 미국이 러시아를 월등

히 앞서고 있었지요. 러시아는 미국 타도를 외치며, 이참에 아예 미국의 콧대를 완전히 꺾어 놓자며 우주선 제작에 과감히 뛰어들었습니다. 독일에서 데려온 로켓 기술자들의 도움을 받아 가며 총력을 기울인 결과, 1957년 10월 4일 인류 최초의 인공위성인 스푸트니크 1호를 발사하는 데 성공했습니다. 그리고 1957년 11월 3일에는 라이카라는 이름의 개를 태운 스푸트니크 2호를 발사하는 데도 성공했답니다. 이것은

과학자의 비밀노트

우주 궤도를 비행한 최초의 동물, 라이카

스푸트니크 1호를 보란 듯이 성공시킨 러시아는 유인 우주선의 가능성을 고려했다. 과학자들은 일단 동물을 우주에 보내 실험하기로 했고, 거리를 배회하는 떠돌이 개였던 라이카가 우주 개척의 역사적 사명을 띠고 훈련에 돌입하게 된다.

라이카는 가속도·소음 적응 훈련을 받았고, 며칠에 걸쳐 점차 작은 크기의 집으로 옮기며 비좁은 우주선에 적응하는 훈련도 받았다. 먹이로 우주음식인 고영양의 젤리가 제공됐지만, 좁은 공간에 갇혀 지낸 라이카는 배변도 제대로 하지 못할 만큼 스트레스에 시달렸다.

결국 라이카는 로켓 단열재가 떨어져 나가면서 치솟은 내부 온도와 공포로 괴로워하다가 발사 5~7시간 만에 숨지고 말았다.

이후 러시아는 라이카 실험에서 얻은 자료를 토대로 1961년 인류 최초의 우주인 가가린(Yurii Gagarin, 1934~1968)을 우주로 보내는 데 성공했다.

생명체와 함께한 최초의 우주 비행이었습니다.

이에 미국은 적잖은 충격을 받았지요. 러시아보다 항공 기술이 한참 앞서 나가고 있다고 자부하던 터인데, 뒤통수를 크게 한 방 얻어맞은 격이었습니다.

러시아가 인공위성을 쏘아 올릴 무렵, 미국도 팔짱만 끼고 있었던 것은 아니었습니다. 미국 정부는 전폭적인 지원을 아끼지 않으며 인공위성 개발에 집중했답니다. 그런데 인공위성 발사 시일이 다가오자 미국의 자존심을 세우자는 의견이 강하게 제기되었습니다. 그 바람에 육군에서 추진하고 있던 인공위성 계획이 밀려나고, 대신 미국인 과학자들로 주축을 이루고 있던 해군 측에 그 권한이 넘어가게 되었습니다. 육

군은 히틀러의 독재 체제를 벗어나서 미국으로 망명한 세계적인 로켓 과학자 브라운(Wernher von Braun, 1912~1977)을 주축으로 한 독일인 과학자 중심의 연구팀이었거든요.

하지만 미국의 자존심 세우기는 러시아가 인공위성을 먼저 쏘아 올리면서 여지없이 무너져 버렸지요. 그런데다 엎친 데 덮친 격으로, 그 뒤 해군이 1957년 12월 6일 부랴부랴 인공위성을 쏘아 올렸지만 인공위성을 태운 로켓은 채 10여 m도 떠오르지 못한 상태에서 그만 공중 폭발하고 말았답니다.

첫 인공위성 발사에서 쓰디쓴 실패를 맛본 미국은 어쩔 수 없이 독일인 과학자들의 손을 빌리지 않을 수 없게 되었습니다. 1958년 1월 31일, 육군 과학자들의 도움을 받아 익스플로러 1호를 지구 상공에 띄워 올리는 데 성공했습니다.

스푸트니크 호와 익스플로러 호의 발사 성공은 인류가 우주 비행 시대를 활짝 여는 첫걸음이었지요. 그 뒤로 미국과 러시아의 우주 경쟁은 한층 가속되었고, 우주 비행 기술도 빠른 속도로 발전하게 되었답니다.

인공위성과 뉴턴

위성이란 행성 둘레를 도는 천체를 말합니다. 그리고 행성은 별(항성)의 주위를 도는 천체를 말하지요. 별은 스스로 빛을 내는 천체를 말합니다. 태양은 쉼 없이 빛을 내보내죠? 그래서 태양은 별이 되는 겁니다.

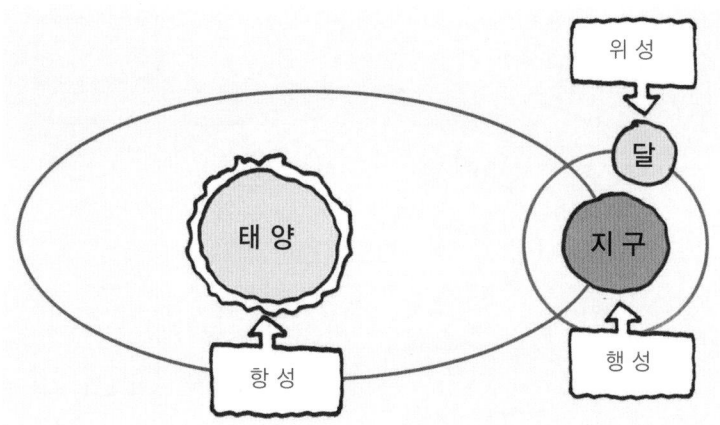

지구는 태양 둘레를 돌지요. 별의 둘레를 공전하는 천체가 무엇이라고 했지요? 행성이라고 했어요. 그러니 지구는 행성이 되는 겁니다. 예전 책을 보면 지구를 혹성이라고 써 놓는 경우가 있는데, 이건 올바르지 않은 말이랍니다. 옳은 우리말은 혹성이 아닌 행성이에요. 그리고 수성, 금성, 화성, 목성, 토성, 천왕성, 해왕성도 태양의 둘레를 돌고 있으니 행성입니다.

또한 달은 지구 둘레를 끊임없이 돌고 있지요. 행성 둘레를 도는 천체를 무엇이라고 했지요? 그래요. 위성이라고 했어요. 그래서 달은 지구의 위성이 되는 것이랍니다.

달은 사람이 만든 위성이 아니라 자연적으로 생겨서 존재하는 천체입니다. 그래서 달은 정확히 말하면 천연 위성이

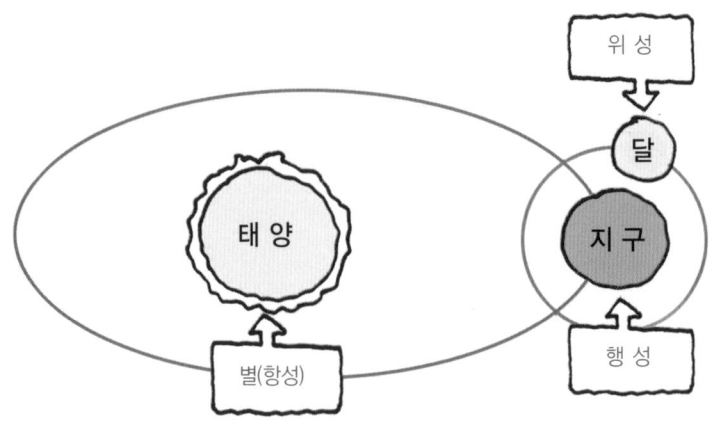

되지만, 그냥 위성이라고 부른답니다.

반면, 지금 이 순간에도 지구 상공에는 수없이 많은 인공위성들이 쉴 틈 없이 돌고 있지요. 이들을 인공위성이라 부르는 이유는 달처럼 천연적으로 탄생한 천체가 아니라, 사람이 인공적으로 만든 것이기 때문이지요.

인공위성의 아이디어를 최초로 생각해 낸 사람은 물리학자 뉴턴(Sir Isaac Newton, 1642~1727)입니다. 뉴턴은 어떻게 인공위성의 아이디어를 생각해 내게 되었을까요?

사고 실험으로 이 의문의 답을 쫓아가 보도록 하겠습니다.

돌멩이를 던졌어요.

돌멩이가 곡선을 그리면서 떨어져요.

돌멩이를 세게 던졌어요.

돌멩이는 더 멀리 날아가서 떨어져요.

그렇다면 돌멩이를 아주 세게 던지면,

돌멩이는 더더욱 멀리 날아가서 떨어질 거예요.

그러고는 그 힘이 넘치면, 지구를 한 바퀴 빙글 돌 수도 있을 거예요.

그런데 문제는 공기랍니다.

지구 대기권 안에 가득하게 쌓여 있는 공기는 물체의 운동을 방해해요.

그래서 지구 둘레를 돌멩이는 계속 돌 수가 없어요.

그렇지만 공기가 없다면 어떻게 될까요?

돌멩이는 지구 둘레를 한없이 회전할 수 있을 거예요.

그런 곳이 어딜까요?

그래요. 우주 공간이에요.

우주 공간에서는 돌멩이가 지구 둘레를 한 번 회전하기 시작하면 끝없이 돌 수 있을 거예요.

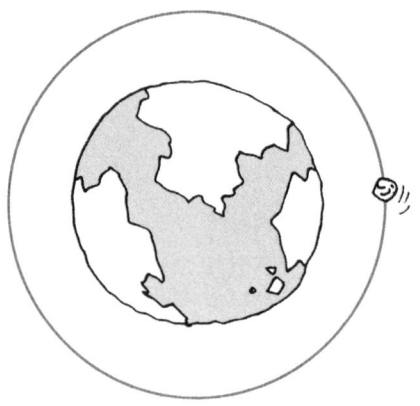

여기까지가 뉴턴이 한 사고 실험이에요. 우리는 여기서 한 걸음 더 나아가 보도록 해요.

사고 실험을 계속해 봐요.

우주에서는 무거우나 가벼우나 큰 의미가 없어요.

가벼운 물체건 무거운 물체건 둘 다 둥둥 뜨거든요.

이때 물체를 툭 건드리면 어떻게 되겠어요?

돌멩이건, 그보다 더 무거운 물체이건 공기 저항이 없으니 앞으로 죽 나갈 거예요.

비교적 가벼운 돌멩이가 지구 둘레를 돌 수 있다면, 그보다 월등하게 무거운 우주선도 지구 둘레를 회전할 수 있을 거예요.

이러한 상상으로부터 태어난 것이 무엇이겠어요? 그래요. 바로 인공위성이지요. 이것이 틀리지 않다는 걸 인공위성 스푸트니크 1호가 처음으로 입증했잖아요. 스푸트니크 1호 이후, 현재 수천 개가 넘는 인공위성이 지구 둘레를 빙빙 돌고

있답니다. 이들 대부분은 러시아와 미국의 것이지요. 하지만 한국도 아리랑 위성과 무궁화 위성, 우리별 위성을 성공적으로 쏘아 올렸답니다.

인공위성이 떨어지지 않는 이유 · 1

인공위성은 제1우주 속도로 날아갑니다. 제1우주 속도는 지구 탈출 속도보다 느리지요. 지구 탈출 속도란 지구 중력을 완전히 벗어나는 속도를 말합니다. 그렇다면 인공위성은 지구를 벗어나지 못한 것이네요. 이건 인공위성이 지구 중력에 묶여 있다는 말도 됩니다. 즉, 지구의 중력을 여전히 받고 있다는 뜻이지요.

그렇다면 이상하지 않나요? 지구 중력을 받고 있다면, 지구 중심 쪽으로 끌어당겨져야 할 겁니다. 그래서 지상으로 내려와야 할 거예요. 그런데 실제 그런가요? 아니죠. 지상으로 떨어지기는커녕 지구 상공을 빙빙 잘도 돌고 있지요. 여기에는 대체 무슨 비밀이 숨어 있는 것일까요?

사고 실험 준비가 되었다면, 돌멩이를 이용한 상상 실험으로 출발합니다.

돌멩이를 줄에 매달았어요.

그러고는 줄을 빙빙 돌렸어요.

돌멩이가 빙글빙글 회전해요.

이번에는 줄을 세게 돌려 보았어요.

돌멩이가 처음보다 더욱 빠르게 회전하네요.

더 빨리 돌리고 싶어서, 줄을 아주 세게 돌려 보았어요.

그러자 줄이 견디지 못하고 툭 끊어져 버렸어요.

돌멩이가 휙 날아가 버리네요.

회전하는 물체는 어떤 힘을 갖고 있지요? 그렇습니다. 원심력을 갖고 있습니다. 밖으로 뛰쳐나가려는 힘 말이에요.

그러니 회전하는 돌멩이는 빙글빙글 도는 내내, 밖으로 도 망쳐 나갈 기회만을 기다리고 있을 거예요. 그러다가 줄이 더는 버티지 못하고 툭 끊어져 버리니까, 기다렸다는 듯이 날아가 버린 것이지요.

계속해서 사고 실험을 이어 가 볼까요?

돌멩이를 새로운 줄에 다시 묶었어요.

그러고는 줄을 약하게 돌려 보았어요.

돌멩이가 느리게 회전하네요.

돌멩이가 그리는 원도 빠르게 돌릴 때와는 확연히 차이가 있어요.

줄을 더욱 약하게 돌려 보았어요.

돌멩이의 회전 속도가 더욱 느려지면서 그리는 원도 더 작아졌어요.

줄 돌리기를 멈추자 돌멩이가 이내 회전을 멈추어 버리는군요.

왜 이런 결과가 생기는 거죠?

돌멩이가 바깥으로 뻗어 나가지 못하는 것은, 안쪽으로 힘이 작용하고 있다는 뜻이에요.

이 말은 안쪽으로 당기는 힘이 바깥쪽으로 당기는 힘보다 강하다는 의미이기도 해요.

회전하는 돌멩이가 안쪽으로 받는 힘을 구심력이라고 합니다. 그러니까 빙빙 도는 돌멩이는 원심력과 구심력을 동시에 받고 있는 셈이지요. 이 두 힘이 팽팽하게 균형을 이루면, 돌멩이는 줄 길이만큼의 반듯한 원을 그리며 회전을 합니다.

그러나 한쪽 힘이 강해서 이러한 평형이 깨지면, 돌멩이는 강한 쪽으로 움직이게 됩니다. 원심력이 강하면 줄이 끊어지면서 돌멩이가 바깥으로 뻗어 나가게 되고, 구심력이 강하면 그리는 원이 점점 작아지게 되지요.

인공위성이 떨어지지 않는 이유 · 2

돌멩이의 회전을 인공위성에도 그대로 적용할 수가 있어요. 사고 실험을 계속 하겠습니다.

돌멩이를 인공위성이라고 해 봐요.

줄에 매달려서 빙글빙글 도는 돌멩이에 구심력과 원심력이 작용하듯,

지구 주위를 공전하는 인공위성에도 마찬가지로 구심력과 원심력이

작용할 거예요.

인공위성은 공중에 떠서 회전하므로, 구심력은 아래쪽으로 작용해요.

하늘에서 아래쪽이라면, 지구 중심 쪽을 향하고 있는 것이에요.

지구 중심 쪽으로 향하는 힘이 무엇이지요?

맞아요, 중력이에요.

따라서 인공위성의 경우 구심력은 중력이 되는 거예요.

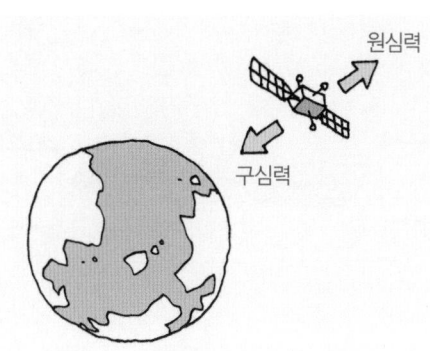

원심력

구심력

그러니까 인공위성은 중력과 원심력이 평형을 이루며 비행하는 셈이지요.

이 가운데 어느 한쪽의 힘이 강해지면 평형은 깨지게 돼요.

중력이 강하면 인공위성은 지구로 떨어지겠죠.

이와 반대로, 원심력이 강하면 더는 안정적으로 지구 둘레를 회전하지 못할 거예요.

우주 공간으로 날아갈 테니까요.

인공위성이 안정적으로 지구 둘레를 돌게 하려면 어떻게 해야 할까요?

중력이나 원심력 중에서 어느 한쪽이 강하거나 약하지 않게 해 주어야 할 거예요.

다시 말해, 중력과 원심력이 서로 팽팽히 맞서는 상황을 만들어 주어야 한다는 말입니다.

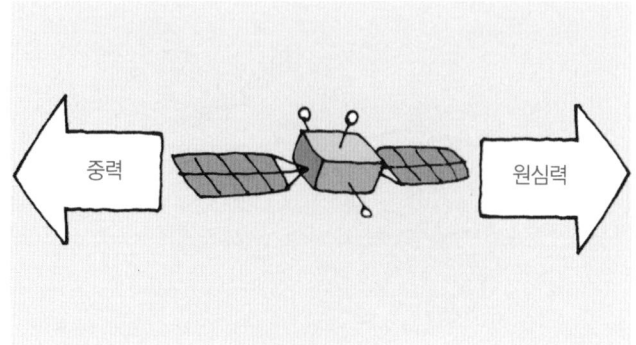

중력   원심력

이것이 인공위성이 지구의 중력을 여전히 받고 있으면서도 지구로 떨어지지 않는 이유랍니다. 지구 상공에서 중력과 원심력이 팽팽히 맞설 수 있는, 이와 같은 상태를 만들어 주는 속도가 바로 제1우주 속도랍니다.

여러 **인공위성**

정지 위성은 정말 꼼짝하지 않을까요?
인공위성의 종류와 쓰임새에 대해 알아봅시다.

5

다섯 번째 수업
여러 인공위성

치올콥스키는
움직이지 않는 인공위성이 있다며
다섯 번째 수업을 시작했다.

정지 위성

인공위성 중에는 정지 위성이라는 것이 있습니다. 이름에
서 알 수 있듯이, 정지 위성은 하늘 한곳에 멈추어 있답니다.

하지만 그렇다고 해서 정지 위성이 움직이지 않는 것은 아
니랍니다. 한순간도 쉬지 않고 늘 움직이고 있지요. 그것도
아주 빠른 속도로 말이에요.

그 말이 정말이라면 이상하지 않나요? 움직이고 있는데, 정지
해 있는 것으로 보인다니……. 앞뒤가 안 맞는 소리 같죠?

자, 이 의문을 사고 실험으로 한번 풀어 보겠어요.

빨간 자동차와 파란 자동차가 달리고 있어요.

방향도 같고, 빠르기도 같아요.

빨간 자동차에 탄 사람이 파란 자동차를 바라보고 있어요.

어, 파란 자동차가 멈추어 있는 것처럼 보이네요.

이번에는 파란 자동차에 탄 사람이 빨간 자동차를 바라보고 있어요.

어라, 빨간 자동차 역시 멈추어 있는 것처럼 보이네요.

　빨간 자동차나 파란 자동차 모두 분명히 빠른 속도로 질주하고 있어요. 그런데도 왜 두 자동차는 상대에게 정지해 있

는 것처럼 보이는 걸까요? 그래요. 두 자동차가 똑같은 속도로, 같은 쪽을 향해 달리고 있기 때문이지요.

사고 실험을 계속 하겠어요.

그런데도 하늘 한곳에 늘 서 있는 것처럼 보여요.

움직이고 있는데도, 멈추어 있는 것처럼 보이는 거예요.

움직이고 있는데도 정지해 있는 것처럼 보이는 이유는, 빨간 자동차와 파란 자동차가 잘 말해 주고 있어요.

그렇다면 정지 위성도 움직이는 상대가 있을 거예요.

정지 위성을 보는 것은 우리예요.

우리는 지구에 있어요.

그러니까 지구에 있는 우리가 정지 위성의 상대가 되는 거예요.

우리는 지구와 함께 하루에 한 번씩 회전을 해요.

이 말은 자전을 한다는 말과 같아요.

그렇다면 정지 위성이 지구의 자전 속도와 똑같은 속도로 회전하면

될 거예요.

그러면 정지 위성이 우리에게 멈춰 있는 것처럼 보이겠지요.

그렇습니다. 정지 위성이 멈춰 있는 것처럼 보이는 이유는

지구의 자전 속도와 똑같은 속도로 돌고 있기 때문입니다.

정지 위성이 되려면 인공위성이 일정 높이까지 올라가야

합니다. 대개의 인공위성은 수백 km 높이에 떠 있지요. 정지 위성은 이보다 수십 배는 높이 떠올라야 한답니다. 3만 6,000km 상공에서 지구 둘레를 회전해야 하지요.

정지 위성은 이 높이에서 지구 둘레를 하루에 한 바퀴씩 회전하고 있답니다.

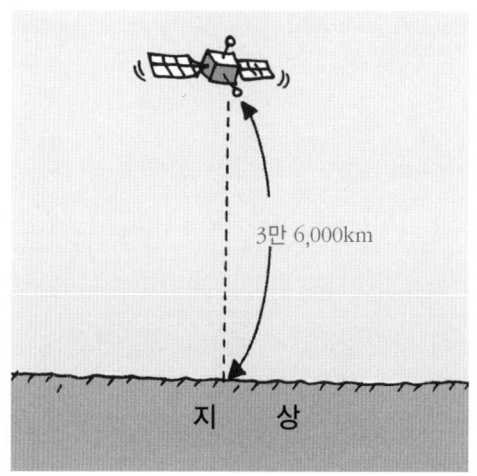

다양한 인공위성

한국 최초의 인공위성인 무궁화 1호는 정지 위성입니다. 그런데 로켓 엔진에 이상이 생겨 적정 높이인 3만 6,000km

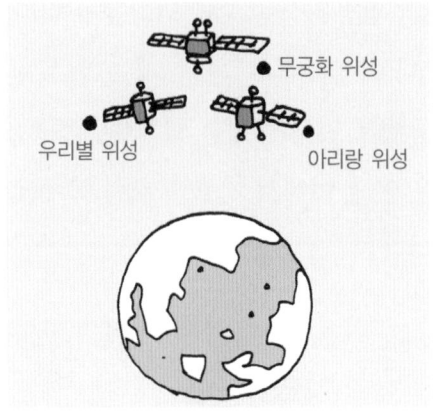

보다 6,300여 km 낮은 곳까지만 상승했습니다. 그래서 정상 궤도로 끌어올리기 위해 인공위성 자체의 에너지를 사용해야 했지요. 그 결과 인공위성의 수명이 10년에서 5년으로, 반이나 줄어들어 버렸답니다. 그러나 무궁화 위성 2호와 3호를 성공적으로 띄워 올려서 무궁화 1호 위성이 하지 못한 일까지 대신하고 있지요.

그렇다고 인공위성이 모두 정지 위성은 아닙니다. 또한 그럴 필요도 없지요. 따라서 인공위성이 모두 고도 3만 6,000km 상공까지 오를 이유도 없습니다. 한국이 무궁화 위성 다음으로 쏘아 올린 우리별 위성과 아리랑 위성은 정지 위성이 아니랍니다. 이들은 수백 km 높이에서 하루에도 여러 차례 지구를 돌며 맡은 바 일을 충실히 해내고 있습니다.

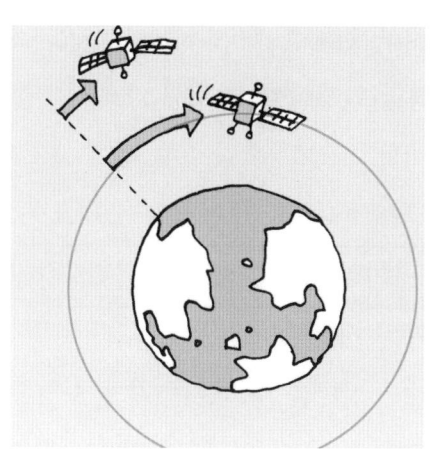

인공위성이 떠 있는 높이가 낮을수록, 지구 둘레를 회전하는 시간은 짧아져요. 7,000km에서는 4시간 20여 분, 5,000km에서는 3시간 20여 분, 1,000km에서는 1시간 40여 분, 150km에서는 1시간 20여 분마다 지구를 한 바퀴씩 공전하지요. 인공위성은 원이나 타원을 그리면서 지구의 여러 지역을 관찰하지요. 타원은 원이 약간 찌그러진 형태라고 보면 됩니다.

인공위성은 쓰임새에 따라 과학 실험을 수행하는 과학 위성, 통신과 방송 업무를 전담하는 방송 통신 위성, 기상 관측이 주 임무인 관측 위성, 상대 국가를 감시·정찰하는 군사 위성 등이 있어요.

북극과 남극을 통과하는 길을 극궤도라고 해요. 이 항로를

이용하면 지구 전체를 내려다볼 수가 있지요. 그래서 관측 위성이나 정찰 위성이 이 항로를 따라서 운행한답니다. 적도 상공을 동서로 회전하는 항로를 적도 궤도라고 합니다. 이 길은 정지 위성이 주로 이용하고 있지요. 그리고 극궤도와 적도 궤도 사이의 항로를 경사 궤도라고 하는데, 이곳은 과학 위성이 주로 사용합니다.

다른 나라와 전파를 주고받는 위치에 인공위성이 왔다 갔다 하면 불편할 겁니다. 인공위성의 위치를 한순간도 놓치지 않고 관찰하고 있어야 하니까요. 하지만 인공위성이 늘 같은 장소에 머물러 있으면 그럴 필요가 없지요. 똑같은 방향으로 전파를 쏘아 올리고 똑같은 방향에서 전파를 받으면 되니까요. 그래서 정지 위성은 기상을 관측하거나 통신을 하는 데 널리 사용한답니다.

선생님, 선생님 설명대로라면 이미 많은 인공위성들이 만들어졌겠네요?

그럼요. 그리고 인공위성에는 다양한 종류가 있어요.

인공위성은 쓰임새에 따라 과학 실험을 수행하는 과학 위성, 통신과 방송 업무를 전담하는 방송 통신 위성, 기상 관측이 주 임무인 관측 위성, 상대 국가를 감시·정찰하는 군사 위성 등이 있어요.

와~, 그럼 그렇게 많은 위성들은 어떻게 움직이고 있나요?

인공위성은 원이나 타원을 그리면서 지구의 여러 지역을 관찰해요. 그리고 북극과 남극을 통과하는 길을 극궤도라고 하는데, 이 항로를 이용하면 지구 전체를 내려다볼 수가 있지요. 그래서 관측 위성이나 정찰 위성이 이 항로를 따라서 운행한답니다.

그리고 적도 상공을 동서로 회전하는 항로를 적도 궤도라고 부르는데, 이 길은 정지 위성이 주로 이용하고 있지요. 그리고 극궤도와 적도 궤도 사이의 항로는 경사 궤도라고 하며, 과학 위성이 주로 이용합니다.

경사 궤도

적도 궤도

와, 위성마다 움직이는 길이 다 다르군요. 그런데 정지 위성은 정지해 있지도 않은데, 왜 정지 위성이라고 부르는 거죠?

그건 지구가 자전을 하고 있어서 그래요. 정지 위성의 경우, 지구의 자전 속도와 같이 움직이기 때문에 늘 같은 장소에 머물러 있는 것처럼 보이는 거랍니다.

정지 위성은 지구 위 머무는 장소가 일정하므로 똑같은 방향으로 전파를 쏘아 올리고 똑같은 방향에서 전파를 받으면 되니까 편리하겠죠? 그래서 정지 위성은 기상을 관측하거나 통신을 하는 데 널리 사용되고 있답니다.

아, 그렇군요.

탈출 속도

지구를 탈출하려면 속도가 얼마나 빨라야 할까요?
태양계 탈출 속도에 대해 알아봅시다.

6

여섯 번째 수업

탈출 속도

치올콥스키는 인공위성의
발사 속도가 궁금하지 않냐며
여섯 번째 수업을 시작했다.

지구 탈출 속도

인공위성이 지구 둘레를 도는 속도를 제1우주 속도라고 하지요. 그러니까 제1우주 속도는 인공위성이 지구 주위를 안정적으로 회전하는 속도입니다. 제1우주 속도는 초속 7.9km입니다. 1초 동안에 7.9km를 날아가는 빠르기이지요. 실로 엄청나게 빠른 속도가 아닐 수 없지요.

그런데 이렇게 빠른 속도로도 지구를 탈출하지는 못합니다. 이보다 더 빨라야 지구를 벗어날 수 있답니다. 지구 상공

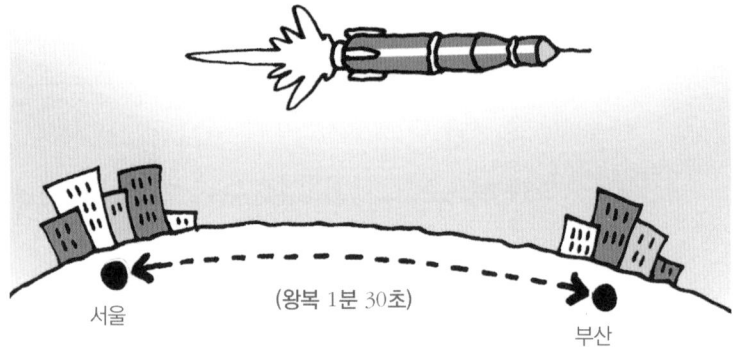

서울   (왕복 1분 30초)   부산

에 머물지 않고 완벽하게 지구를 탈출하려면 초속 11.2km는 되어야 한답니다. 서울에서 부산까지의 거리를 1분 30초 남짓의 시간으로 왕복할 수 있는 속도이지요. 이것이 제2우주 속도 또는 지구 탈출 속도입니다.

　이렇게 빨리 달리는 우주선을 만드는 건 쉬운 일이 아닙니다. 최첨단 고급 과학 기술을 총동원해야 우주선을 제작할 수가 있지요. 그래서 우주선을 만들기가 어려운 것이고, 지구 탈출에 성공한 나라가 미국과 러시아밖에 없는 것입니다.

　한국도 지구 탈출에 성공한 국가로 하루빨리 우뚝 서야겠지요. 이 글을 읽는 여러분이 어서 그 일을 해 주어야 할 겁니다.

태양계 탈출 속도

서울에서 부산을 갔다 오는 데 1분 30초가량이면 충분하다니, 지구 탈출 속도는 실로 어마어마한 속도입니다.

그러나 이 속도로도 우주 곳곳을 자유롭게 여행하지는 못한답니다. 태양계를 넘어설 수가 없기 때문입니다. 지구 탈출 속도는 말 그대로, 지구만을 빠져나갈 수 있는 속도일 뿐이지요.

태양의 속박을 벗어나야 북극성도 가고, 카시오페이아자리도 가 볼 수 있지요. 그런데 지구 탈출 속도로는 태양의 중력을 이기고 나가기엔 어림도 없습니다. 떠돌아다닐 수 있는 공간은 태양계 내로 한정되어 있지요.

대체 그 이유가 뭘까요? 왜 지구 탈출 속도로는 태양계를 벗어날 수가 없는 걸까요?

사고 실험으로 이 답을 찾아보도록 하겠습니다.

태양의 중력은 태양계에서 가장 강해요.

지구보다 월등히 강하지요.

탈출 속도는 중력에 비례해요.

중력이 세면 셀수록, 탈출 속도도 그만큼 커진다는 뜻이에요.

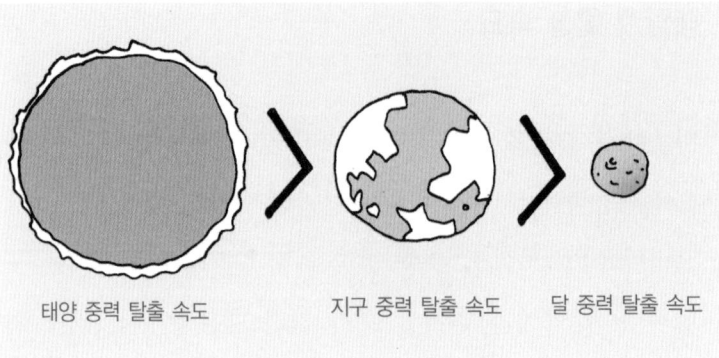

태양 중력 탈출 속도　　　지구 중력 탈출 속도　　　달 중력 탈출 속도

그러니 태양계를 벗어나려면, 지구 탈출 속도보다 빠르게 내달려야 할 거예요.

태양계를 벗어날 수 있는 속도를 제3우주 속도라고 합니다. 제3우주 속도는 1초에 42km 남짓한 거리를 날아가는 빠르기입니다. 이 값은 제2우주 속도보다 무려 4배 가까이나 빠른 셈이지요.

지구 탈출 속도도 엄청난데, 그보다 4배나 더 빠르다니……. 지구에서 보고 느끼는 우리의 입장에선 그야말로 입이 다물어지지 않을 속도입니다. 우주를 여행한다는 것이 말처럼 그리 쉬운 일이 아님을 알 수 있겠지요?

공전 속도의 이득

　태양계 탈출 속도는 한마디로 엄청난 속도예요. 그 속도만을 놓고 보자면, 우주 방방곡곡으로의 여행은 까마득히 먼 일로밖에는 생각이 안 드는군요.

　그러나 해결책이 없는 것은 아니에요. 지구의 생명체 가운데 가장 우수한 인간이 그 방법을 알아낸 것입니다. 초속 42km가 안 되는 느린 속도로도, 태양계 탈출이 가능한 방법을 알아낸 것입니다.

　여기서 사고 실험을 하겠습니다.

지구가 회전하는 방향으로 우주선을 발사하면, 그만큼의 속도 이득을 본다고 했지요.

지구의 회전에는 자전과 공전이 있어요.

자전 속도는 초속 500m 남짓한 빠르기예요.

반면, 공전 속도는 초속 30여 km에 달하는 빠르기랍니다.

이 둘을 비교하면, 지구의 자전 속도는 공전 속도에 많이 미치지 못해요.

무시해 버려도 괜찮을 정도로 말이죠.

즉, 지구의 자전은 생각하지 않아도 별 상관이 없다는 뜻이에요.

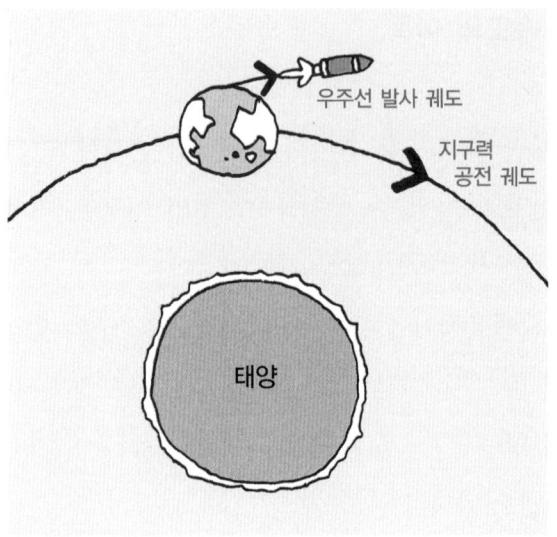

속도의 이득은, 우주선을 공전 방향으로 쏘아서 얻는 영향만 생각
해도 된다는 의미이지요.

제3우주 속도는 초속 42km 남짓이고, 지구의 공전 속도는 초속
30km 정도예요.

그러니 얻을 수 있는 속도의 이득은, 제3우주 속도에서 지구의 공
전 속도만큼을 빼 주면 나오겠죠.

초속 42km에서 초속 30km를 빼면 초속 12km가 나오죠.

초속 12km라면, 지구 탈출 속도와 비슷한 속도예요.

머리만 잘 쓰면, 지구 탈출 속도보다 조금만 더 속도를 높여 주는
방법으로도 태양계를 거뜬히 벗어날 수 있다는 얘기가 되는 거죠.

사고 실험이 이끌어 낸 또 하나의 위대한 승리랍니다.

그렇습니다. 초속 12km의 속도만 내도, 태양의 억센 속박
으로부터 벗어나 태양계를 가뿐히 빠져나갈 수가 있는 것입
니다. 제3우주 속도를 거의 4배 가까이나 줄인 셈이지요. 이
얼마나 엄청난 속도 절감인가요? 그리고 그로부터 절약할 수
있는 연료와 에너지는 또 얼마나 상당하겠습니까?

이렇듯 멋진 사고 실험 하나가 과학 기술을 한층 발전시키
는 것이랍니다. 이제 정리해 보겠습니다.

실질적인 태양계 탈출 속도

= 제3우주 속도 − 지구 공전 속도

= 초속 42km − 초속 30km

= 초속 12km

이러한 예측이 틀리지 않다는 것은 이미 확인된 바 있습니
다. 태양계를 벗어난 파이오니어 10호의 발사 속도가 초속
15km 남짓이었으니까요.

과학자의 비밀노트

파이오니어 10호(Pioneer 10)

파이오니어 10호는 1972년 3월 3일에 발사되어, 처음으로 소행성대를 탐사하고 목성을 관찰한 우주선이다. 이후 1973년 12월 3일 목성의 사진을 전송하였고, 1983년 6월 13일에는 해왕성의 궤도를 통과했다. 명왕성의 궤도 이심률(궤도가 원에서 어느 정도 찌그러져 있는가를 재는 척도)이 커서 당시에는 해왕성이 태양계의 가장 바깥 행성이었다. 따라서 정의에 의하면 파이오니어 10호를 태양계를 벗어난 첫 우주선으로 볼 수 있다.

또한 파이오니어 10호와 11호에는 인류가 외계체에게 보내는 친선과 지구의 위치가 새겨진 금속판을 실었다고 한다.

제1, 제2… 그게 도대체 무슨 소리야? 알아듣게 말해!

캡틴, 현재 속도 제1우주 속도, 더 이상 한계입니다.

제2우주 속도에 도달하지 못하면 지구를 벗어날 수 없습니다.

제1우주 속도란 인공위성이 지구 둘레를 도는 속도를 말하는 겁니다. 그러니까 제1우주 속도는 인공위성이 지구 주위를 안정적으로 회전하는 속도입니다.

앗! 깜짝이야.

그러니까 그게 어느 정도의 속도냐고요?

제1우주 속도는 초속 7.9km입니다. 즉, 1초 동안에 7.9km를 날아가는 빠르기랍니다. 실로 엄청나게 빠른 속도가 아닐 수 없지요. 그런데 이렇게 빠른 속도로도 지구를 탈출하지는 못합니다.

네? 그렇게 빠른 속도로도 탈출을 못한다고요?!!

네. 그보다 더 빨리 달려야 지구를 벗어날 수 있어요. 적어도 초속 11.2km는 되어야 해요. 이 속도를 제2우주 속도 또는 지구 탈출 속도라고 부르는데, 서울에서 부산까지의 거리를 1분 30초 남짓의 시간으로 왕복할 수 있는 속도랍니다.

헉, 이 우주선은 그렇게 빠른 속도를 낼 수 없단 말입니다.

지구를 벗어날 수 있는 속도를 내는 우주선을 만드는 건 쉬운 일이 아닙니다. 최첨단 고급 과학 기술을 총동원해야 우주선을 제작할 수가 있지요. 그래서 우주선을 만들기가 어려운 것이고, 지구 탈출에 성공한 나라가 거의 없는 것입니다.

한국도 하루빨리 항공 우주 과학 분야를 발전시켜 지구 탈출에 성공한 국가로 우뚝 서면 좋겠지요? 이 글을 읽는 여러분이 그 일을 해 주어야 할 겁니다.

7

달과 아폴로 우주선

달에 착륙한 우주선 이름은 무엇일까요?
아폴로 우주선 11호에 대해 알아봅시다.

달과 아폴로 우주선

치올콥스키는 달나라 여행을
가 보는 것이 소원이라며
일곱 번째 수업을 시작했다.

달 탐사 비행에 대한 동경

지구에서 가장 가까운 천체는 달이지요. 그런 까닭에 지구
를 떠나 달을 밟아 보고 싶어 하는 인간의 바람은 매우 간절
했답니다.

인류가 언제부터 달나라 여행을 꿈꾸었는지는 정확히 알
수 없습니다. 하지만 인류의 선조가 지구에 발을 디딘 그 순
간에도 달은 이미 지구 상공에 휘영청 떠 있었으므로, 아마
도 그때부터 달나라 여행을 꿈꾸지 않았을까 여겨집니다.

그 이후 커다란 새를 탄 인간이 달을 향해서 힘차게 날아가는 그림을 벽화에 남겨 놓기도 했고, 독수리의 날개를 이용해서 달로 멋지게 비상하는 주인공을 이야기로 꾸며 놓기도 했습니다. 물론 달나라행 상상 열차에는 독수리 말고도, 말이나 거위 같은 동물을 동원하기도 했지요.

한편 동물의 힘이 아닌 방법으로 달나라 여행을 꿈꾸기도 했습니다. 폭약을 터뜨려서 발생한 힘으로 달나라를 다녀오는 방법을 생각하기도 했고요. 또 강력한 스프링을 사용해서 우주선을 쏘아 올리는 방법을 상상하거나, 오늘날의 로켓과 유사한 기계에 탑승해서 갔다 오는 방법을 구상하기도 했답니다.

이렇게 맥을 이어 온 달 여행에 대한 간절한 바람이 절정에 이른 건 쥘 베른에 이르러서였습니다. 쥘 베른은 《해저 2만 리》, 《80일간의 세계 일주》 같은 명작을 쓴 프랑스의 과학 소설가이지요. 그는 달 여행에 관한 과학 소설을 쓰기도 하였는데, 이것은 미국의 달나라 여행 계획인 아폴로 계획에 커다란 영향을 미쳤지요. 하나의 예로, 미국은 달에 3명의 우주인(닐 암스트롱, 버즈 올드린, 마이클 콜린스)을 보냈는데, 쥘 베른도 소설 속에서 3명의 우주인을 달에 보냈답니다.

아폴로 11호

초기 우주 경쟁에서 러시아에게 보기 좋게 밀린 미국은 이대로는 계속 뒤처질 수밖에 없다는 위기감을 느꼈지요.

그래서 나사(NASA)라고 하는 미국항공우주국을 세웠답니다. '러시아를 물리치자'라는 구호를 외치며 구겨진 자존심을 반드시 회복하겠다는 강한 의지를 나타낸 것이지요. 당시 미국의 젊은 대통령 케네디는 의미심장한 발표를 했습니다.

"1960년대가 끝나기 전에 인간을 달에 보내고, 그들을 무사히 지구로 귀환시키겠다."

여기에서 그 유명한 아폴로 계획이 추진된 것이랍니다. 미국은 항공 우주 산업에 막대한 투자를 했고, 1969년 아폴로 11호가 달에 무사히 착륙하는 쾌거를 당당히 이루어 냈지요.

미국은 아폴로 11호가 제2우주 속도를 낼 수 있도록 하기 위해서 새턴 로켓 V를 장착시켰습니다. 새턴 로켓 V는 총 길이 110여 m, 총 무게 3,000여 톤에 이르는 3단 로켓입니다. 이것은 브라운 연구팀이 1950년대 말부터 연구해 온 대형 로켓 시리즈의 최종 작품으로, 그때까지 알려진 어떤 로켓보다 크고 강한 힘을 냈습니다. 아폴로 11호의 사령실은 이렇게 웅장한 새턴 로켓 V의 꼭대기에 실렸지요.

여기서 아폴로 11호를 자세히 살펴보면 다음과 같습니다.

제1단 로켓 : 액체 산소와 케로신을 연료로 사용하고, 엔진 5개를 장착한 부분이다.

제2단 로켓 : 액체 산소와 액체 수소를 연료로 사용하고, 엔진 5개를 장착한 부분이다. 제1단 로켓이 임무를 마치면 타기 시작한다.

제3단 로켓 : 액체 산소와 액체 수소를 연료로 사용하고, 엔진 1개를 장착한 부분이다. 제2단 로켓이 임무를 마치면 타기 시작하며 제3단 로켓 바로 위에 달 착륙선이 놓여 있다. 달 착륙선은 거미처럼 생겼다고 해서 거미라는 별명을 갖고 있으나, 애칭은 미국을 상징하는 독수리이다.

제4단 로켓 : 산소 발생 장치와 전력 생산을 위한 연료 전지, 찬물과 더운물을 만드는 장치 등을 싣고 있다. 흔히 기계선이라고 부른다.

제5단 로켓 : 원뿔 모양의 공간으로 3명의 우주 비행사가 생활하고 우주선을 조종하는 부분이다. 달에 가고 오는 동안 우주인이 먹고 자고 용변을 보는 공간이며 실질적인 사령실에 해당하므로 사령선이라고 부른다.

제6단 로켓 : 로켓이 제대로 작동하지 않을 경우에 대비해 사령선을 떼 내는 기능을 하는 곳이다. 비상 탈출 탑이라고도 한다.

달로 향하다

아폴로 11호에 탄 승무원은 모두 세 사람으로 선장은 암스트롱(Neil Armtrong, 1930~)사령선 조종사는 콜린스(Michael Collins, 1930~)달 착륙선 조종사는 올드린(Buzz Aldrin, 1930~)이었습니다. 1969년 7월 16일, 미국 동부 표준 시간으로 오전 9시 32분, 아폴로 11호가 케네디 우주 센터에서 발사되었습니다.

제1단 로켓이 분리되고 제2단 로켓 점화, 제2단 로켓이 분리되었습니다. 그리고 제3단 로켓 점화, 제3단 로켓이 연료를 다 태우고 분리될 즈음, 제3단 로켓 꼭대기에 실려 있는 달 착륙선이 마침내 모습을 드러냅니다.

이때 달 착륙선을 그대로 끌어내는 것이 아니라, 기계선과 사령선이 180° 위치를 바꾸어서 기계선이 아닌 사령선이 달 착륙선과 맞붙게 되지요. 이것을 도킹이라고 합니다. 이렇게 도킹을 하는 이유는 달에 내려가는 것이 사령선이 아니라, 달 착륙선이기 때문이지요. 그리하면 승무원들이 두 공간을 쉽게 왔다 갔다 할 수가 있겠지요. 여기서 의문이 생길 겁니다.

왜 처음부터 이 순서대로 출발하지 않고 중간에 도킹을 하는 다소 번거로운 방법을 사용하는 건가요?

이건 기술적인 문제 때문이랍니다. 사령선이 달 착륙선과 맞붙어 있으면, 기계선이 우주선의 꼭대기에 위치하게 되지요. 기계선은 사령선과 달리 유선형이 아닙니다. 유선형은 럭비공처럼 앞부분이 뾰족한 모양을 말합니다. 이는 공기와의 마찰을 최소로 하기 위한 것이지요. 그런데 로켓 엔진을 달게 되면 유선형으로 만들기 어려운 문제가 발생합니다. 기계실이 우주선의 꼭대기가 되면 공기 마찰을 다 받아야 할 텐데, 그 부분이 유선형이 아니라면 엄청난 마찰열을 그대로

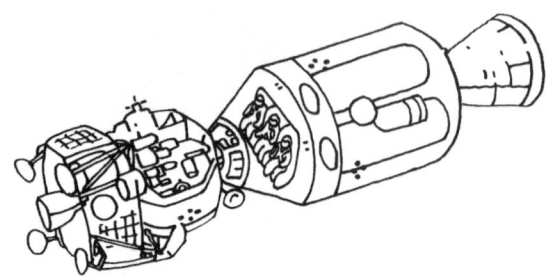

받게 되지요.

이렇게 되면 마찰로 발생한 열을 어떻게 극복하느냐가 중요한 문제로 떠오르지요. 그뿐만 아니라, 사령선이 밑으로 내려오게 되면 우주선의 내부 배치도 다르게 설계해야 해요.

새턴 V의 3단 로켓이 완전히 떨어지고 나면, 아폴로 11호에는 달 착륙선 – 사령선 – 기계선만이 남게 됩니다. 그 거대했던 몸통이 다 분리되고, 핵심 몸체만이 달로 향하는 비행에 본격적으로 들어가게 되는 겁니다.

이즈음이면 아폴로 11호가 지구의 중력권을 벗어나게 되지요. 중력이 없는 우주 공간으로 진입하게 된다는 뜻입니다. 그러면 중력도 없고 공기도 없기 때문에 로켓 엔진의 도움 없이도 우주 비행이 가능하게 되지요.

달에 도착하다

아폴로 11호가 3일간의 우주 비행 끝에 달 궤도에 진입했습니다. 우주선은 지구 둘레를 도는 인공위성처럼 달 둘레를 회전하고 있습니다.

"달에서 느긋하게 쉬다 오게."

달 착륙선으로 옮겨 탄 암스트롱과 올드린을 향해 콜린스가 작별 인사를 건넸습니다. 그러고는 달 착륙선을 분리하는 스위치를 눌렀습니다.

아폴로 우주선에 탑승한 사람은 세 사람이었지만, 달을 밟

은 사람은 암스트롱과 올드린뿐이었습니다. 콜린스는 사령선에 남아서 그들이 다시 돌아오기를 기다렸지요.

암스트롱은 달 착륙선을 조종하며 달로 내려갔습니다. 착륙 지점은 고요의 바다로 알려진 곳입니다.

이곳도 달의 여느 지역처럼 운석 크레이터가 있습니다. 그러나 다른 곳보다는 평평하고 부드럽습니다. 운석 크레이터란, 우주에서 날아온 운석 때문에 달 표면에 둥그렇게 파인 웅덩이를 말합니다.

달 착륙 2분 전, 달 착륙선이 목표 지점을 슬쩍 지나쳐 버렸습니다. 선장 암스트롱은 자동 제어 시스템을 수동으로 바꾸었습니다. 달 착륙선이 역분사 장치를 이용해 달 표면으로 조심스레 하강했습니다. 분사 가스 때문에 달 표면에 흙먼지가 일면서 시야를 가렸습니다. 달 표면에 다가갈수록 불어오는 먼지는 더욱 짙어져서, 한 치 앞을 내다보기 어려운 짙은 땅안개 속으로 착륙하는 셈이 되어 버렸습니다.

"독수리호!"

긴장의 시간이 지난 뒤, 지상 관제소에서 달 착륙선을 불렀습니다.

"여기는 고요의 기지, 독수리호는 달에 무사히 착륙했다!"

암스트롱이 가슴 벅찬 목소리로 대답했습니다.

이때가 미국 동부 표준 시간으로, 1969년 7월 20일 오후 4시 17분이었습니다.

암스트롱이 먼저 내려갔고, 올드린이 뒤를 따랐습니다. 두 사람은 달 표면을 2시간 31분 동안 걸었으며, 지구로 가져올 월석 31kg을 채집하였습니다.

지구로 귀환하다

이제 지구로 돌아갈 시간이 되었습니다. 미국 동부 표준 시간으로 1969년 7월 21일 오후 1시 54분, 달 착륙선 아랫

부분을 남겨 둔 채 위쪽 부분은 달을 떠났습니다. 달 착륙선의 반쪽만 비행하면 그만큼 연료 소모를 줄일 수가 있기 때문이지요.

달에서 21시간 30여 분 동안 머문 달 착륙선이, 달 궤도를 비행하고 있던 아폴로 11호의 사령선과 도킹했습니다. 암스트롱과 올드린이 콜린스가 있는 사령선으로 옮겨 오자, 반쪽짜리 달 착륙선마저 우주 공간에 내다 버렸습니다. 할 일을 다한 달 착륙선은 지구로 돌아오는 데 걸림돌만 될 뿐이기 때문입니다. 그러나 아까운 건 사실입니다.

기계선의 로켓 엔진을 점화해서 지구로 향했습니다. 지구 대기권에 다가서자 기계선마저 떼내 버리고, 사령선만으로

돌진했습니다. 얼마 뒤 아폴로 11호의 사령선은 낙하산 3개를 펼쳤습니다. 그리고 태평양 바다에 무사히 떨어졌습니다.

우주선이 달을 향해 날아갈 때는 연료가 많이 들었으나, 지구로 다시 돌아올 때는 연료가 거의 들지 않습니다. 우주 공간은 무중력 공간인 데다 공기 저항도 없고, 달의 중력이 지구보다 약하기 때문이지요. 거기에다 지구 중력을 극복할 필요도 없습니다. 사령선이 지구 중력권 안으로 들어서면, 지구 중력이 알아서 사령선을 끌어당겨 주기 때문입니다.

아~, 인간은 언제쯤 저 달에 갈 수 있을까?

인간이 달에 갔다 온 게 언젠데, 무슨 엉뚱한 소리예요?

엥? 언제 저도 모르게 달에 갔다 왔데요?

벌써 1969년에 선장 암스트롱과 사령선 조종사 콜린스, 그리고 달 착륙선 조종사 올드린, 이렇게 세 사람이 다녀왔지요.

달에는 무얼 타고 간 거죠?

미국항공우주국(NASA)의 아폴로 11호를 탔지요. 아폴로 11호는 그때까지 알려진 어떤 로켓보다 크고 강한 힘을 내는 새턴 로켓 V를 탑재했지요.

아폴로 11호가 지구의 중력권을 벗어날 때쯤 새턴 로켓 V가 완전히 떨어지고 달 착륙선, 사령선, 기계선만이 남았지요. 우주에 진입하면 로켓 엔진의 도움 없이 비행이 가능하니까요.

미국 표준 시간으로, 1969년 7월 20일에 암스트롱이 달 표면에 먼저 내려갔고, 올드린이 뒤를 따랐지요. 콜린스는 사령선에 남아서 그들을 기다렸고요.

콜린스는 너무 아쉬웠겠어요.

두 사람은 운석 크레이터가 있는 달 표면을 2시간 31분 동안 걸었고, 지구로 가져올 월석 31kg을 채집했지요.

아~, 내가 첫 번째로 달에 가고 싶었는데….

우주에서 날아온 운석 때문에 달 표면에 둥그렇게 파인 웅덩이

우주 왕복선

우주선은 계속해서 사용할 수 있나요?
경제적인 우주 왕복선에 대해 알아봅시다.

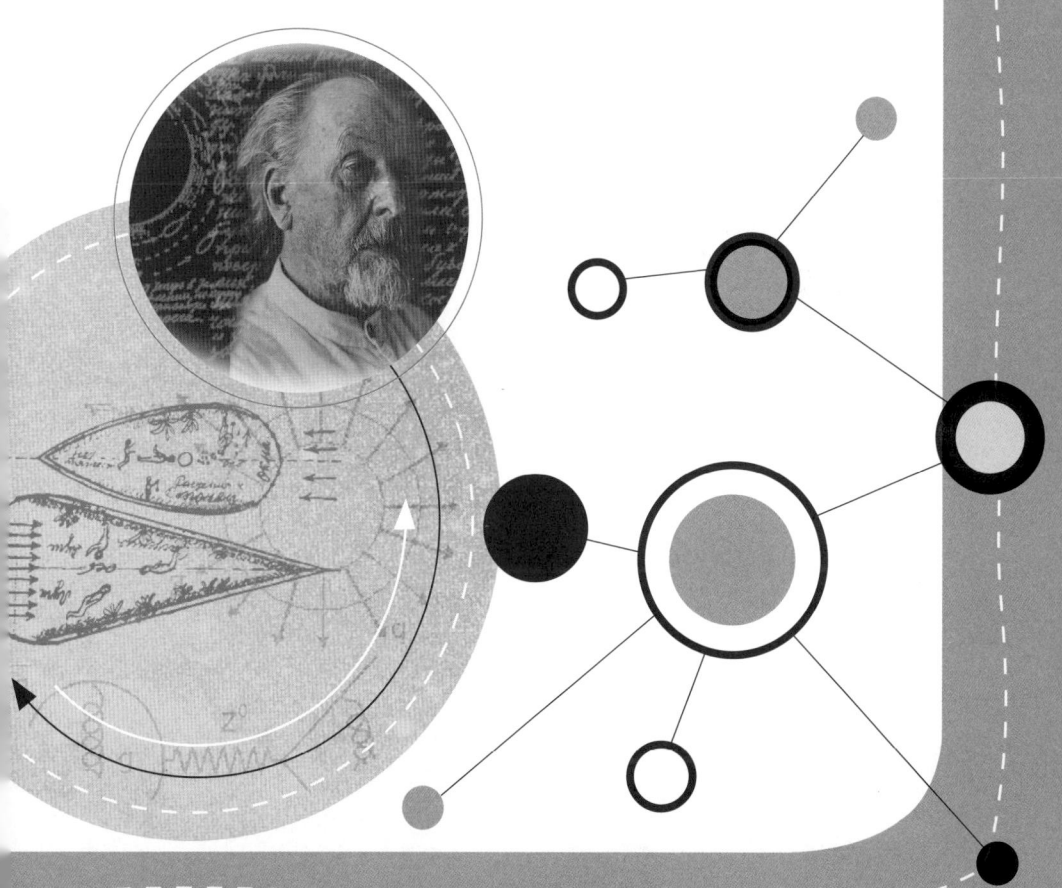

우주 왕복선

치올콥스키는
왕복이 가능한 우주선도 있다며
여덟 번째 수업을 시작했다.

경제적인 우주 왕복선

엄청난 몸집을 자랑했던 아폴로 11호가 지구로 귀환했을
때에는 자그마한 사령선 하나만 달랑 남았습니다. 경제적인
측면만 놓고 본다면, 이건 엄청난 손해입니다.

그렇다고 우주선을 띄워 올리지 않을 수도 없는 일이지요.
자원도 다 떨어져 가고, 공해로 찌들어 가는 지구에만 무한
정 머물러 있을 수만은 없기 때문입니다. 미래에 대비한다는
의미에서도 우주 개발은 차근차근 해 나가야 할 사업이지요.

그러나 문제는 돈입니다. 우주 개발이란 게 어디 한두 푼 드는 일이 아니잖아요. 아폴로 11호를 쏘아 올리는 데는 조 단위의 돈이 들어갔습니다. 웬만한 국가는 달나라행 우주선 을 몇 번 쏘아 올리고 나면 재정이 휘청거릴 정도이지요. 처 음에는 우주 경쟁에서 미국을 앞서 나갔던 러시아가 끝내 미 국에 뒤처지고 만 큰 이유 중의 하나가 바로 비용 때문입니 다. 미국은 그야말로 돈을 물 쓰듯 지원하는데, 러시아는 그 렇게 할 형편이 못 되었던 것이지요.

하지만 미국도 돈이 부담스럽기는 마찬가지였습니다. 달 탐사 경쟁에서 러시아를 꺾은 이후 미국의 지원도 예전 같지 않았기 때문입니다. 그래서 비용을 적게 들이면서 우주 비행

을 할 수 있는 방법을 찾았고, 고심 끝에 내놓은 것이 우주 왕복선이었습니다.

우주 왕복선의 비용 절약 방법은 재사용입니다. 한 번 썼다고 버리는 것이 아니라, 다음번 비행에도 계속 사용하는 것이지요.

아폴로 11호에서 명백히 드러났듯이, 기존의 우주선은 어느 하나라도 재사용할 수 있는 것이 없었습니다. 우주 비행사가 탔던 사령선조차 다시 이용하는 것이 가능하지 않아서 박물관에다 모셔 놓곤 하였지요. 그러니 우주선을 발사할 때마다 매번 막대한 돈이 들어갈 수밖에요.

우주 왕복선을 한 번 발사하는 데는 수천억 원 정도가 들어간답니다. 결코 적은 돈이 아니지요. 하지만 아폴로 11호와

비교하면, 훨씬 적은 비용으로 우주 비행을 가능하게 할 수가 있는 셈이지요.

우주 왕복선의 구조와 종류

우주 왕복선은 크게 세 부분으로 이루어져 있습니다. 삼각 날개를 단 비행기 모양의 궤도선과 궤도선 양쪽에 붙어 있는 고체 연료 로켓, 그리고 궤도선 배 밑에 붙어 있는 액체 연료 탱크로 나눌 수 있습니다.

이 가운데 다시 쓸 수 있는 것은 궤도선과 고체 연료 로켓입니다. 고체 연료 로켓은 부스터라고 부르기도 합니다. 액체 연료 탱크는 대기와 마찰로 타 버려서 다시 쓰는 것이 불가능하지요. 우주 왕복선의 궤도선은 조종석과 화물을 실어 나르는 짐칸으로, 꼬리 부분에는 로켓 엔진 3개가 달려 있습니다. 우주 왕복선은 스페이스 셔틀이라고도 부르며 컬럼비아 호, 챌린저 호, 디스커버리 호, 애틀란티스 호, 엔데버 호 등이 있습니다.

로켓 엔진의 점화

우주 왕복선이 발사대에 섰습니다. 꽁무니에 달린 액체 연료 로켓 엔진이 점화하면서 불꽃을 힘차게 내뿜었습니다.

고체 연료 로켓보다 액체 연료 로켓 엔진을 먼저 점화하는 것은 우주 왕복선에 달린 엔진의 이상 유무를 마지막으로 점검하기 위해서입니다. 고체 연료는 한 번 불이 붙어서 타기 시작하면 도중에 불길을 잠재울 방법이 없지요.

그런데 고체 연료가 불기둥을 거세게 내뿜고 있는 상태에서 엔진에 이상이 발견되면 어떻게 되겠습니까? 참으로 큰일이 아닐 수 없겠지요.

반면, 액체 연료 로켓은 언제든지 연료 공급을 막아서 불꽃을 잠재울 수가 있답니다. 그러니 우주 왕복선의 꽁무니에 붙은 3개의 액체 연료 엔진 가운데 하나라도 이상이 확인되면, 언제라도 불기둥을 사그라뜨릴 수가 있답니다. 그러고는 우주 왕복선의 발사를 연기하면 되는 겁니다.

액체 연료 로켓 엔진에 이상이 없으면, 6.5초쯤 뒤에 컴퓨터가 고체 연료 로켓의 점화를 명령합니다. 6.5초라는 시간은 우주 왕복선이 제자리로 되돌아오기까지 걸리는 시간입니다. 액체 연료 로켓이 점화되면, 우주 왕복선은 옆으로 약

간 기우뚱하게 됩니다. 이런 상태에서 출발하면 비행이 불안 정할 수밖에 없어요. 그러므로 기울어진 우주 왕복선이 원래 의 똑바른 자세로 되돌아와야 하는데, 그러기까지 필요한 시 간이 6.5초인 것입니다.

우주 왕복선의 비행

양쪽의 고체 연료 로켓과 3개의 액체 연료 로켓이 내뿜는 굉음을 뒤로하며 우주 왕복선이 발사대를 출발했습니다. 우 주 왕복선이 점점 빨라지고 있군요. 2분 10여 초가량이 지나 게 되면, 고체 연료는 바닥이 나게 됩니다. 고체 연료통은 낙 하산으로 바다에 떨어뜨려서 다시 사용하지요. 물론 무한정 사용할 수 있는 것은 아니고, 20여 회쯤 재사용할 수가 있답 니다.

우주 왕복선은 이후 액체 연료 로켓만으로 비행하여 150여 km에서 500여 km 사이의 목표 높이까지 오릅니다. 우주 왕 복선은 이 높이 이상을 오르지 않습니다. 지상 수백 km까지 만 수시로 오가며 작업하도록 되어 있기 때문입니다.

목표 높이에 이르면 액체 연료통이 비워집니다. 그러면 쓸

모가 없어진 액체 연료통을 떼내 버립니다. 액체 연료통은 낙하하면서 공기와 마찰해 거의 다 타 버리고, 극히 일부만 파편 형태로 바다에 떨어집니다.

우주 왕복선에 탑승한 승무원들이 화물칸에서 장비를 꺼내 계획된 일을 하기 시작합니다. 인공위성을 수리하고, 우주 정거장을 조립하고, 우주 망원경을 고치는 일 등이지요.

임무를 무사히 끝낸 우주 왕복선이 지구로 되돌아옵니다. 이때 내려오는 각도가 무척 중요합니다.

이것은 스카이다이버가 팔다리를 활짝 펼치고 낙하하는 경우와 팔다리를 바짝 붙인 채 낙하하는 경우를 비교해서 생각하면,

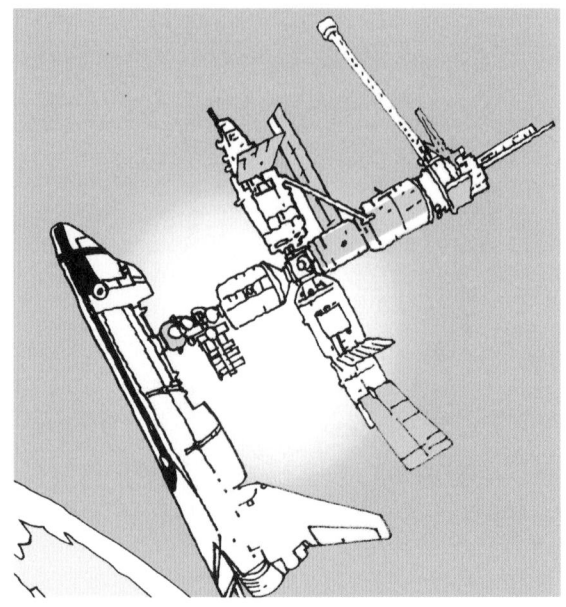

그 이유를 쉽게 알 수 있습니다. 두 경우 스카이다이버가 지상으로 내려오는 속도는 현격하게 다르지요. 한쪽은 공기와 마찰이 심한 반면, 다른 한쪽은 공기와 마찰이 그보다 덜하기 때문입니다.

그래서 지상으로 하강하는 각도가 중요한 것이랍니다. 공기 마찰이 너무 거세서 우주 왕복선에 무리가 가서도 안 되고, 너무 수평하게 내려와서 오히려 공기의 힘에 다시 튕겨나가서도 안 될 것입니다.

이런저런 요인을 다 고려해서 산정한 적정한 하강 각도는

40° 내외가 됩니다. 즉, 우주 왕복선이 수평 상태에서 머리를 40° 내외로 쳐든 상태로 내려오는 것이 가장 적당하지요.

우주 왕복선은 글라이더처럼 공기의 힘을 적절히 이용해서 비행합니다. 우주 왕복선의 좌우에 비행기처럼 날개를 단 이유도 이 때문입니다. 하지만 아폴로 11호는 그런 날개가 없답니다.

착륙하기 15초 전쯤, 우주 왕복선은 바퀴를 내리고 활주로에 무사히 내려앉습니다. 우주 왕복선의 꽁무니에서 낙하산이 펼쳐집니다. 이는 속도를 줄이기 위해서랍니다. 이렇게 해서 우주 왕복선의 비행이 성공적으로 마무리됩니다.

선생님, 발사할 때는 길이 110여 m의 거대한 아폴로 11호가 귀환할 때는 자그마한 사령선 하나만 달랑 남았잖아요? 이건 경제적으로 너무 아까운 것 같아요.

맞아요. 아폴로 우주선을 쏘아 올리는 데도 조 단위의 돈이 들어갔어요. 웬만한 국가는 우주선 몇 번 쏘아 올리면, 국가 재정이 휘청거릴 정도지요.

그래도 미래를 대비해서 우주 개발을 해야 하잖아요. 그러자면 우주선을 띄워 올려야 하고요.

그래서 비용을 생각해서 만든 것이 우주 왕복선이에요. 한 번 썼다고 버리는 것이 아니라 다음번 비행에도 계속 사용할 수가 있지요.

재사용하면 절약이 되겠네요.

재 활 용

우주 왕복선은 궤도선과 궤도선 좌우에 붙어 있는 고체 보조 로켓, 그리고 궤도선 밑에 붙어 있는 액체 연료 탱크로 나뉘지요. 이 가운데 궤도선과 고체 연료 로켓 부분을 다시 쓸 수 있답니다.

고체 연료 로켓

궤도선

궤도선은 꼭 비행기를 닮았네요?

우주 왕복선의 궤도선은 조종석과 화물을 실어 나를 수 있는 짐칸으로 되어 있고, 꼬리 부분에는 로켓 엔진 3개가 달려 있지요.

엔진

짐칸

조종석

우주 왕복선은 스페이스 셔틀이라고도 불러요. 컬럼비아 호, 챌린저 호, 디스커버리 호, 애틀란티스 호, 엔데버 호 등이 있지요.

역시 절약 방법은 재사용이 최고예요.

아홉 번째 수업 9

앞으로의 우주 비행

우주 비행이 왜 중요할까요?

미래의 우주 비행과 우주 정거장에 대해 알아봅시다.

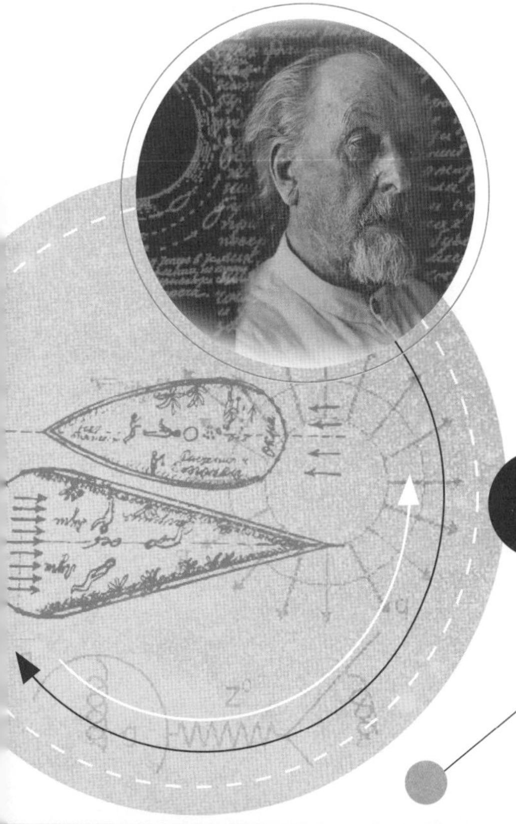

아홉 번째 수업

앞으로의 우주 비행

치올콥스키는
앞으로의 우주 비행이 기대된다며
아홉 번째 수업을 시작했다.

왜 우주 비행인가?

우주선 발사는 최첨단 과학 기술을 종합한 것이라고 보아도 좋습니다. 따라서 그로부터 얻는 이득은 가히 상상을 초월합니다. 고온에서 파괴되지 않는 물질 연구, 인간의 생체 반응 효과 등 비군사적인 이득에서부터 위성 자세 변환 기술, 레이저 무기 탑재 기술, 다탄두 로켓 기술 등 군사적인 이득에 이르기까지 헤아릴 수가 없을 정도이지요. 한마디로, 노다지 그 자체입니다.

　그러나 고도의 정밀성이 요구되는 것이어서 아무나 쉽게 뛰어들 수 있는 분야가 아닙니다. 우주 비행에 가장 많이 성공한 미국조차 수차례 큰 실패를 경험하였지요.

　그 대표적인 예가 챌린저 호의 공중 폭발 사건입니다. 연료 로켓에 난 작은 구멍 때문에 승무원 전원이 사망하는 불행한 사고가 난 것입니다. 내열 타일이 떨어지거나, 나사 하나가 느슨해져도 대형 사고로 이어질 수 있는 것이 우주 비행이랍니다.

　그런 위험을 감수하면서도 선진국들은 우주 비행에 열을 올리고 있는데, 그게 다 다가올 미래의 삶에 대응하기 위해서입니다. 미래에 적절히 대응하지 못하는 나라는 도태될 수

밖에 없기 때문입니다.

우주 기술은 나날이 발전하여, 지금은 항공기처럼 착륙이 가능하고 여러 번 사용이 가능한 우주 왕복선 시대에 살고 있습니다. 우주 비행사들이 우주 왕복선을 타고 수시로 지구 상공으로 날아오르고 있으니, 인류가 화성에 발을 내딛는 날도 머지않아 올 것입니다.

이러한 흐름에 한국도 뒤처질 수만은 없는 노릇입니다. 한국도 얼른 달에 우주선을 보내고, 화성에 한국인을 태운 우주선을 보내야 할 것입니다.

화성 탐사 비행

달에 가 보았으니 이제는 화성을 방문할 차례입니다. 그러나 화성 비행은 그리 만만치가 않습니다. 거리가 너무 멀기 때문이지요. 물론 지구와 화성이 가까워지는 시기를 잡아서 어떻게 비행하느냐에 따라 기간을 상당히 줄일 수는 있습니다. 그러나 현재의 과학 기술로는 5개월 아래로 떨어뜨리기 어렵습니다.

그렇다고 화성에 도착한 우주선이 없는 건 아닙니다. 바이

킹 1호와 2호가 1976년에 화성 표면에 착륙했고, 1996년 12월 4일 발사한 화성 탐사선 패스파인더 호가 1997년 7월 4일에 화성에 도착했습니다. 그러나 이 탐사선은 사람이 탄 유인 우주선이 아니라, 사람이 타지 않은 무인 우주선이었지요.

화성행 우주선에 사람이 타느냐 타지 않느냐를 대수롭지 않게 생각하는 사람이 있을 수도 있습니다. 그러나 그렇지가 않습니다.

무인 우주선은 우주선에 연료만 넣어서 보내면 되지요. 그러나 유인 우주선은 그럴 수가 없습니다. 무엇보다 우주 비행사들이 수개월 동안 먹을 음식물과 마실 산소가 충분히 있어야 할 텐데, 이 무게가 결코 만만치 않습니다. 그러다 보니 연료도 무인 우주선보다 훨씬 많이 들지요.

그래서 화성으로 가려면, 현재의 우주 왕복선보다 더 뛰어난 우주선을 개발해야 하는 것이랍니다. 우선 연료 문제를 해결할 수 있어야 하고, 막대한 양의 음식을 저장할 수 있는 창고와 충분한 산소를 공급해 줄 수 있는 장치를 마련해야 할 겁니다.

그러나 이것으로 끝난 게 아닙니다. 화성에 무사히 도착해서도 고민은 남아 있지요. 오랜 비행 끝에 막대한 돈을 들여서 화성에 착륙했는데, 하루 이틀 머물고 곧바로 지구로 돌아간다는 것은 아무래도 좀 아쉽지요. 아니, 그렇게 하면 우주 비행사들이 비행에 지쳐 버리는 사태가 발생할 수도 있습니

다. 수개월 동안 무중력 공간만을 비행하며 우주선에 갇혀 있다 보면, 인체에 이상 징후가 나타날 수도 있기 때문입니다. 특히, 무기력증이나 의욕 상실감이 클 것으로 생각됩니다.

더욱이 우주 비행사의 몸이 아프거나 다치는 일이 발생한다면, 상황은 아주 복잡해집니다. 달 비행 같은 3일 정도의 우주 비행이라면 버틸 수 있겠지만, 아픈 몸을 부둥켜안은 채 수개월을 버틴다는 건 불가능한 일입니다. 그래서 화성 비행은 언제 어디서 어떻게 발생할지 모를 응급 상황에 곧바로 대처할 수 있는 의료 장비도 철저히 갖춰야 합니다. 그뿐만 아니라 그러한 의료 장비를 다룰 수 있는 의료진도 함께 동승해야 하지요.

유인 우주선의 화성 비행은 이렇게 까다로운 조건을 완벽하게 갖춰야 한답니다. 그래서 이 시간에도 화성으로 유인 우주선을 성공적으로 보내기 위한 준비와 노력의 땀방울이 영글어 가고 있답니다.

우주 정거장

고속도로에는 중간마다 휴게소가 있지요. 달리는 자동차 안에만 있다 보면 지치기 때문에, 휴식도 취하고 주린 배도 채우고 용변도 보라는 뜻에서 휴게소가 설치되어 있는 것이지요.

마찬가지로 우주 비행을 하는 데도 우주 공간 곳곳에 휴게소와 같은 사람이 쉴 수 있는 곳이 있어야 하겠지요. 지구하고는 비교도 안 되는 드넓은 우주를 여행하는데, 머물 곳이 한 곳도 없다는 건 정말 말도 안 되는 이야기이지요. 내리지 않은 채 자동차만 타고서 고속도로를 무한정 여행하는 건 무리가 따를 수밖에 없듯이, 쉴 곳 없이 우주 공간을 무한히 질주한다는 건 아무래도 어려운 일이겠지요.

그래서 우주 공간 곳곳에 우주선이 도착해서 편하게 쉬어 갈 수 있는 장소가 절실한데, 그러한 목적으로 세우는 것이 우주 정거장입니다.

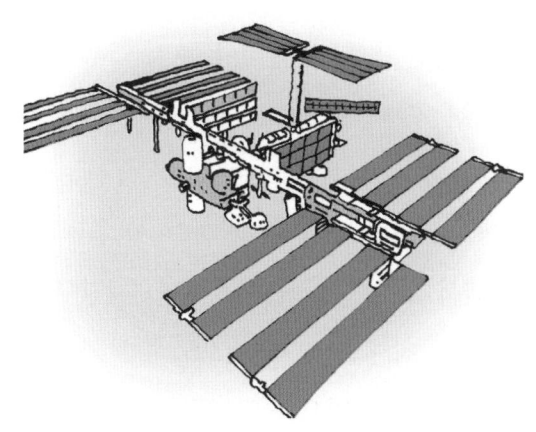

우주 정거장의 필요성을 처음으로 제안한 사람이 누군지 아세요? 바로 나, 치올콥스키였답니다. 물론 이런 제안을 내놓고 나서 나는 미친 사람 취급을 받았지요. 비행기조차 없던 시절에 우주 비행을 하면서 쉴 수 있는 우주 정거장을 설치해야 한다고 했으니, 그런 취급을 받은 것도 무리는 아니었다고 봅니다.

그러나 이 허무맹랑해 보이는 생각이 물거품이 되어 버렸나요? 아니지요. 눈부신 과학의 발달에 힘입어 현실로 이루어졌습니다. 1971년 러시아가 우주 정거장 살류트 1호를 발사하는 데 성공했지요. 그리고 러시아보다 늦긴 했지만, 미국도 1973년에 우주 정거장 스카이랩을 쏘아 올리는 데 성공했지요.

우주 정거장은 쉬는 곳으로서의 기능만 하는 게 아니랍니다. 과학적인 일을 좀 더 원활히 하는 데도 많은 기여를 하지요. 하나의 좋은 예로, 우주선의 발사를 들 수가 있습니다.

우주선 발사는 지구에서 하는 것만이 능사는 아닙니다. 할수만 있다면, 우주 공간에서 출발하는 게 좋지요. 생각해 보세요. 지구에서 우주선을 띄워 올리려면, 지구 탈출 속도를 이겨 내기 위해 막대한 연료를 소모해야 하잖아요. 그러나 우주 공간에서는 그럴 필요가 없지요.

그러니 우주 정거장에서 우주선을 조립해서 발사하면 여러 모로 좋을 겁니다.

과학자의 비밀노트

우주 정거장

살류트(Salyut)는 1971년부터 1991년까지 진행된 유인 우주 정거장 프로그램이다. 살류트 프로그램은 목적에 따라 과학 연구를 위한 6개의 우주 정거장과 군사적인 목적을 위한 3개의 우주 정거장으로 구성되었다.

우주 정거장을 형태로 분류하면 다음과 같다. 살류트 1호부터 5호까지는 초기의 우주 정거장 형식으로 무인으로 발사되어 후에 승무원의 탑승이 이루어졌다. 하나의 도킹만이 가능하여 연료나 보급품을 받는 것은 불가능했다.

1977년부터 1985년까지를 두 번째 우주 정거장 세대로 볼 수 있다. 살류트 6호부터가 이에 해당하는데, 초기 형태와 무인으로 발사되어 후에 승무원이 탑승하는 것은 같으나, 2대의 도킹이 가능하여 연료와 보급품을 받는 것이 가능해졌다. 이에 따라 승무원의 장기 체류가 가능해졌다.

1986년에 발사된 미르가 세 번째 우주 정거장 세대로 구분될 수 있으며, 장기간 이용 가능한 우주 정거장으로서 2001년까지 운용되었다.

우주 도시

지구의 인구는 폭발적으로 늘고 있고, 하늘과 땅은 점점 공해로 찌들어 가고 있습니다. 또한 천연자원은 점차 고갈되어 가고 있어요. 따라서 이러한 지구에서 언제까지 평안한 삶을 누릴 수는 없습니다.

그래서 우주 공간으로 눈을 돌리게 되었고, 우주에서 삶의 둥지를 틀 수 있는 곳을 구상하게 되었습니다. 우주 정거장보다 큰 쉼터를 말이에요. 우주 정거장의 규모를 뛰어넘는 공간은 우주에 도시를 건설하는 일입니다. 사람이 살기에 적당한 천체를 찾아서 그곳에 우주 도시를 건설해야 한다는 말이지요.

아직까지 우주 도시를 건설하지는 못했습니다. 하지만 인류의 안락한 미래를 위해 우주 도시 건설 계획은 꾸준하면서

도 조용히 추진되고 있답니다. 우주 도시에는 농장과 식당, 집과 병원 등 지구에서 이용하고 볼 수 있는 대부분의 시설들이 첨단 시설을 갖추어 아름답게 지어질 것입니다.

예를 들어, 우주 도시의 농장은 모든 과정이 컴퓨터로 작동될 겁니다. 비료를 주고, 온도나 습도를 조절하는 모든 과정이 자동적으로 이루어지지요. 그리고 병충해가 없어서 농약도 필요 없고, 십모작 이상의 경작도 가능하게 된답니다. 그야말로 꿈같은 생활이 가능해지는 셈이지요. 더불어 지구에서는 만들 수 없는 금속이나 약품을 생산해 낼 수 있어서 이로운 혜택을 줄 수가 있겠지요.

현재 우주 도시를 건설하려고 우선적으로 생각하고 있는 곳은 달이랍니다. 그다음으로 화성을 고려하고 있지요.

앞으로의 우주 비행

땅에서 뜨기만 해도 좋으리라는 소박한 바람은 20세기에 들어와 달에 다녀오는 가슴 벅찬 우주 비행으로 이어졌습니다. 초창기 시절과 비교하면, 비행 기술은 획기적으로 발전했지요.

그러나 우주 비행은 아직 걸음마도 채 떼지 못한 상황입니다. 달만 겨우 밟아 보았을 뿐, 지구와 가장 가까운 행성인 화성조차 다녀오지 못하고 있는 게 우주 비행의 현주소이지요.

이런 상황에서 화성 너머에 있는 행성으로의 여행은 어떻겠습니까? 거리만을 단순 비교해 보아도 가는 데만 목성까지는 5~6년 남짓, 토성까지는 10여 년 남짓, 태양계의 맨 끝인 해왕성까지는 40여 년 남짓한 시간이 걸린답니다. 해왕성까지 한 번 갔다 오려면 평생이 걸릴 수도 있다는 얘기이지요. 일생을 우주선 안에서 보내야 한다면, 그건 결코 즐거운 여행이라 할 수 없겠지요.

더구나 태양계는 우주의 전부가 아니랍니다. 우주 전체적으로 보면, 태양계는 해변의 모래알 한 톨에나 미칠까 싶은 작디작은 존재입니다. 그러한 우주 곳곳을 맛보기 식으로라도 둘러보려면, 고도의 성능을 갖춘 우주선을 제작해야 합니다. 화성을 다녀오는 정도의 속력으로는 본격적인 우주 비행이 불가능할 테니까요.

그래서 광속 우주선을 꿈꾸는 사람들이 생긴 거랍니다. 눈 깜짝할 사이에 지구를 7바퀴 반이나 도는 빛에 버금가는 속도로 내달리면, 일반적인 우주선으로는 감히 엄두도 못 내는 우주 비행을 할 수가 있지요.

그러나 이것으로도 완전한 우주 여행은 가능하지 않습니다. 빛의 속도로 난다고 해도, 지구에서 가장 가까운 별까지

가는 데만도 3년이 넘게 걸리지요. 우주의 끝까지 가려면 빛으로 10억 년을 내달려도 모자랍니다.

이러니 광속 우주선을 뛰어넘는 초광속 우주선에 매달리는 과학자가 있을 수밖에요. 초광속 우주선은 빛보다 빨리 달리는 우주선을 말합니다. 초광속 우주선이 출현하면, 우주 어느 곳이라도 순식간에 도달할 수가 있겠지요. 진정한 의미의 우주 여행이 이루어지는 것이랍니다.

그러나 안타까운 사실은 광속 이상으로 내달리는 것이 현재까지 알려진 과학 이론으로는 가능하지 않다는 점입니다. 이것은 아인슈타인(Albert Einstein, 1879~1955)이 상대성 이론에서 밝힌 사실인데, 이어지는 수업에서 알아보도록 하겠습니다.

달에는 사람이 갔었잖아요. 그러면 우주선을 타고 더 날아가면 화성에도 사람이 갈 수 있지 않을까요?

하하하, 단순하게 생각하면 그럴 수도 있겠지요.

하지만 화성은 거리가 너무 멀어요. 지구와 화성이 가까워지는 시기에 비행을 해도 현재의 과학 기술로는 5개월 아래로 떨어뜨리기는 어렵지요.

그렇게나 오래요? 그래도 5개월 이상 쭉 가면 되는 거네요.

5개월   화성
지구

물론 화성에 도착한 우주선은 있지요. 1976년에는 바이킹 1호와 2호가, 1996년에는 탐사선 패스파인더 호가 화성에 도착했지요. 그러나 무인 우주선이었어요.

왜 사람을 태우지 않았지요?

한번 생각해 보세요. 무인 우주선은 연료만 넣어서 보내면 되지만, 유인 우주선은 그럴 수가 없답니다.

사람이 타면 뭐가 달라지나요?

무인 우주선   유인 우주선

무엇보다 우주 비행사들이 수개월 동안 먹을 음식과 산소가 충분해야 하는데, 이 무게가 만만치 않아서 연료도 훨씬 많이 들지요.

무게가 늘어나면 정말 연료가 많이 들겠네요.

식량
산소통

또 우주 비행사의 몸이 아프거나 다치는 일이 생길 수도 있으니까 의료 장비와 의료진도 있어야겠네요?

그렇지요. 유인 우주선의 화성 비행은 이런 모든 까다로운 조건들을 완벽하게 해결해야만 가능한 거랍니다.

환상 우주 비행

정말 빨리 달릴수록 늙지 않을까요?
쌍둥이 역설에 대해 알아봅시다.

10

환상 우주 비행

교. 고등 지학 II   4. 천체와 우주
과.
연.
계.

치올콥스키는
타임머신이 만들어지기를 꿈꾸며
마지막 수업을 시작했다.

아인슈타인의 예측

위대한 과학자 아인슈타인은 이렇게 말했지요.

빨리 달릴수록 시간은 느리게 간다.

이 말은 빨리 달릴수록 나이를 늦게 먹는다는 말입니다.
빠르게 움직이는 우주선을 타고 비행하면 늙지 않는다는 뜻
이지요.

실제로 광속의 99%로 비행하는 우주선에서 5년을 보내면, 그동안 지구에서는 36년 남짓한 세월이 흐르게 됩니다. 그래서 우주선이 지구로 귀환했을 때, 탑승자는 31년이라는 시간을 벌게 되는 셈이지요.

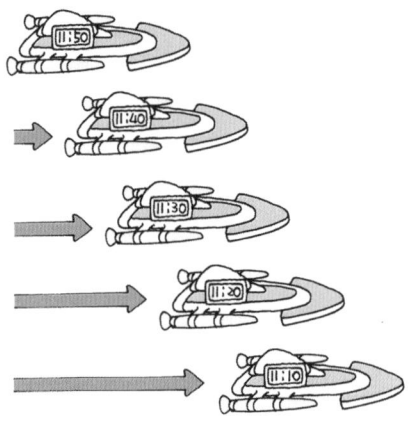

그럼 다양한 속도로 우주 비행을 해 보겠습니다. 6개의 시계로 시간을 측정했습니다. 하나의 시계는 지구에 남겨 두고, 나머지 시계는 다른 속도로 날아가는 우주선에 실었습니다.

우주선의 속도는 다음과 같습니다.

우주선 1 : 광속의 25%로 비행, 초속 7만 5,000km

우주선 2 : 광속의 50%로 비행, 초속 15만 km

우주선 3 : 광속의 75%로 비행, 초속 22만 5,000km

우주선 4 : 광속의 99%로 비행, 초속 29만 7,000km

우주선 5 : 광속의 99.99999999%로 비행,

　　　　　초속 29만 9,999.997km

각각의 우주선에 탑승한 승객들은 얼마의 시간을 벌게 될까요? 그 답은 다음처럼 확연히 달라집니다.

지구에 남겨 둔 시계는 1초로 흐르게 된다.

광속의 25%로 비행한 우주선 1의 탑승객은 1초를 1.03초로 느끼게 된다.

광속의 50%로 비행한 우주선 2의 탑승객은 1초를 1.15초로 느끼게 된다.

광속의 75%로 비행한 우주선 3의 탑승객은 1초를 1.51초로 느끼게 된다.

광속의 99%로 비행한 우주선 4의 탑승객은 1초를 7.09초로 느끼게 된다.

광속의 99.99999999%로 비행한 우주선 5의 탑승객은 1초를 19.6초로 느끼게 된다.

　우주선이 저마다 다른 속도로 운행했기 때문에, 이처럼 흐른 시간이 제각각인 것입니다.

　현재의 기술로는 아무리 빨리 우주 비행을 한다고 해도 가장 가까운 별인 알파 센타우리까지 가는 데만도 8만 년 이상이 걸린다고 합니다. 그래서 더 빨리 달리는 우주선을 소망하는 것이랍니다.

　광속의 몇 % 정도의 속도로 날아가는 우주선만 타더라도 우주 여행 기간을 상당히 단축할 수가 있기 때문이지요. 우주 여행자는 빨리 달려서 시간을 단축할 수 있을 뿐만 아니라 고속 상황에서 나타나는 시간이 느려지는 현상에 의한 이점까지 얻게 되는 것이지요.

예를 들어, 우주선이 광속의 75%로 달리면 알파 센타우리까지 가는 데 지구 시간으로 5.7년이 걸리지만, 우주선에 탄 승객은 시간 지연 효과까지 덤으로 얻어서 3.8년이 지난 것으로 느끼게 된답니다.

쌍둥이 역설 · 1

시간 지연 효과를 가장 극적으로 대변해 주는 상황이 있습니다. 과학자들은 이것을 쌍둥이 역설이라고 하지요.

쌍둥이 역설을 예를 들어 설명해 보겠습니다. 수정이와 수경이는 일란성 쌍둥이예요. 부모도 혼동할 때가 있을 만큼 외모로 봐서는 구별이 어렵지요.

수정이는 지구에 머물러 있게 하고, 수경이는 광속에 가까운 속도로 운행하는 우주선에 태워서 오랜 우주 비행을 시켰습니다. 이 두 사람의 운명은 어떻게 될까요?

수경이는 광활한 우주의 바다를 항해하는 벅찬 여행을 시작했습니다. 지구에서 반환점까지의 거리는 30광년입니다. 빛의 속도로 30년을 비행해야 하는 거리이지요. 물론 반환점에서 지구까지의 거리도 30광년이지요. 자연스럽게 반환점

을 돈 우주선은 지구를 향해 순항을 계속 이어 나갔습니다.

그리고 얼마의 시간이 흐른 후 우주선이 지구에 무사히 도착했습니다. 수정이가 수경이를 마중 나왔습니다. 그러나 두 사람의 만남은 쉽게 이루어지지 않았습니다. 서로를 알아볼 수가 없었기 때문입니다.

그들은 안내 방송의 도움을 받아 겨우 상봉하게 되었습니다. 하지만 재회를 한 두 사람은 서로의 눈을 의심하지 않을 수 없었습니다. 상대의 얼굴이 예상과는 너무도 달라져 있었기 때문입니다.

수정이의 얼굴에는 자연스런 주름이 잡혀 있는 반면, 수경이는 여행을 떠나기 전과 크게 달라진 것이 없었습니다. 그랬으니 그들이 서로를 알아보지 못한 건 당연했습니다. 그야

말로 꿈같은 일이 아닐 수 없습니다.

이런 일이 정말로 벌어질 수가 있을까요? 쌍둥이 역설이 나왔을 때, 곳곳에서 이런 물음이 제기되었지요.

쌍둥이 역설 · 2

자, 그럼 쌍둥이 역설의 진위를 가려 보겠습니다.

수경이가 탄 우주선은 다음과 같은 비행을 했습니다.

지구 출발 →반환점까지 가기→반환점 돌기→ 지구로 귀환하기→

  (가)   (나)   (다)   (라)

지구 도착

이 과정은 다음처럼 크게 네 구간으로 나눌 수 있습니다.

(가) 구간 : 정지 상태에 있던 우주선이 속도를 높인 뒤, 등속으로 우주 비행을 하는 과정이다. 등속이란 속도가 바뀌지 않는 상태를 말한다.

(나) 구간 : 등속으로 비행하는 우주선이 곡선을 그리면서 운동하는

과정이다. 직선 운동을 하던 우주선이 반환점을 돌기 위해 곡선 운동을 하는 과정이다.

(다) 구간 : 반환점을 돈 우주선이 다시 등속 운동을 하는 과정이다.

(라) 구간 : 등속으로 비행하던 우주선이 지구에 착륙하기 위해 속도를 줄이는 과정이다.

수경이를 태운 우주선은 이처럼 속도를 높이고, 속도를 그대로 유지하고, 속도를 낮추는 여러 과정을 거쳤습니다.

아인슈타인은 속도가 변하지 않는 상황뿐만 아니라, 속도

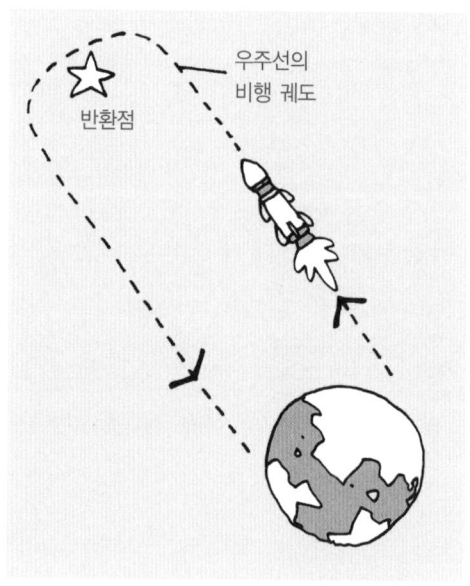

가 변하는 상황에서도 시간은 다르게 흐른다는 것을 증명했지요. 즉, 가속 상황에서도 시간은 느리게 간다는 것을 밝힌 것입니다.

그러니 아인슈타인의 예측대로, 수경이가 수정이만큼 나이를 먹지 않을 것이 이론상으로는 명백합니다. 쌍둥이 역설이 거짓이 아니라면, 나이를 먹지 않으려고 광속 우주선을 타려는 사람이 줄을 서겠지요.

그러나 이것은 이론상의 예측일 뿐입니다. 실제로 이런 결론이 나온다는 장담은 누구도 할 수 없습니다. 더구나 수경이를 태운 우주선이 지구로 귀환하면서 속도가 느려질 때, 어떤 돌발적인 상황이 벌어질지 아무도 모르는 일이지요. 그렇더라도 쌍둥이 역설은 우리의 흥미를 끄는 매력적인 현상임이 틀림없습니다. 그렇기 때문에 이왕이면 쌍둥이 역설이 진실이기를 고대하는 마음이 우리 모두의 가슴속에 있음을 부인하기는 어려운 것 같습니다.

꿈같은 소망

우주 끝까지 가 보는 건 불가능할까요?

그렇습니다. 우주선의 빠르기만을 놓고 보면, 현재의 과학 기술로는 불가능합니다. 그러나 다른 방법이 있습니다. 과학자들은 시공간을 초월해서 넘나드는 우주 비행을 연구하고 있지요. 블랙홀과 웜홀을 통한 우주 비행, 4차원을 이용한 우주 비행 등을 그리면서 타임머신이라는 특별한 발명품을 상상하는 것이랍니다.

과거와 미래를 자유로이 넘나들 수 있는 타임머신, 이것이야말로 우주 비행이 언젠가는 꼭 도달해야 할 마침표이며 종착점이지요. 이 꿈같은 소망이 하루빨리 현실로 다가오길 기대합니다.

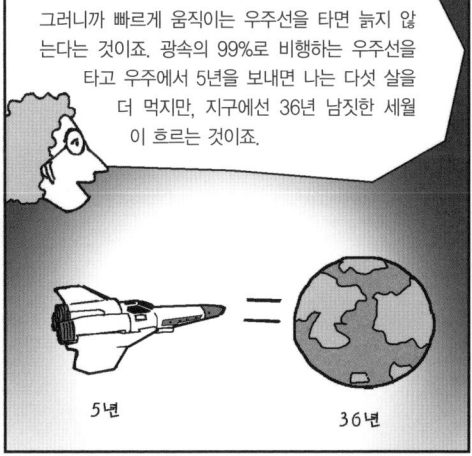

우주 비행의 선구자 치올콥스키

Konstantin Tsiolkovskii, 1857~1935

치올콥스키는 러시아의 로켓 과학자이자 우주 비행의 선구자입니다. 어린 시절에는 몸이 허약한 데다가 성홍열을 앓은 뒤부터는 귀가 잘 들리지 않아서 15세 무렵까지 집에서 교육을 받았습니다. 이것이 치올콥스키가 우주에 대한 상상의 나래를 펼치는 데 큰 작용을 했습니다.

그 후 치올콥스키는 모스크바에서 물리학과 천문학을 공부하고 22세에 교사 면허를 취득해 고향에서 수학을 가르쳤습니다. 그는 집에서 로켓 비행을 원리적으로 연구하여 우주 여행과 로켓 추진에 대한 이론을 본격적으로 펼쳐 나갔습니다. 그리고 우주 엘리베이터의 개념을 처음으로 생각해 내기도 했습니다.

치올콥스키의 가장 유명한 논문인 〈반작용 모터를 이용한 우주 공간 탐험〉은 로켓의 원리와 우주 탐험을 결합한 것으로 1903년 〈모스크바 과학 평론〉지에 발표했습니다. 이것은 로켓 우주 비행에 대한 최초의 학술적 논문으로 평가받고 있답니다. 이 논문에서 로켓의 이상적인 도달 속도는 가스의 분출 속도에 비례하고, 로켓 발사 때와 연료 종료 때의 무게의 비, 즉 질량비에 관련된다는 것을 밝혔습니다.

그러나 치올콥스키의 연구 업적은 당시에 인정받지 못했습니다. 러시아 정부는 치올콥스키 사후 10여 년이 흘러서야 그의 연구를 인정했습니다. 하지만 치올콥스키의 업적은 훗날 로켓과 우주 비행 연구에 지대한 영향을 미쳤습니다.

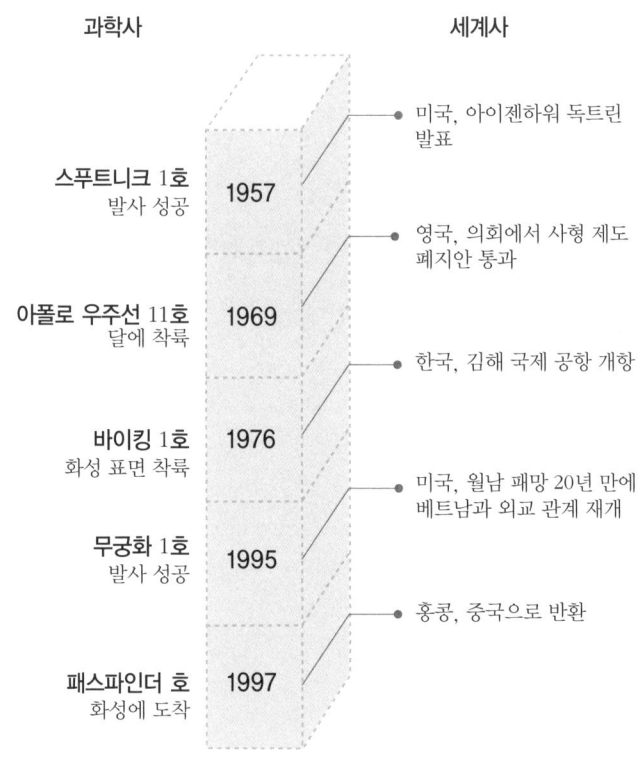

언제, 무슨 일이?

과학사		세계사

미국, 아이젠하워 독트린
발표

스푸트니크 1호
발사 성공   **1957**

영국, 의회에서 사형 제도
폐지안 통과

아폴로 우주선 11호
달에 착륙   **1969**

한국, 김해 국제 공항 개항

바이킹 1호
화성 표면 착륙   **1976**

미국, 월남 패망 20년 만에
베트남과 외교 관계 재개

무궁화 1호
발사 성공   **1995**

홍콩, 중국으로 반환

패스파인더 호
화성에 도착   **1997**

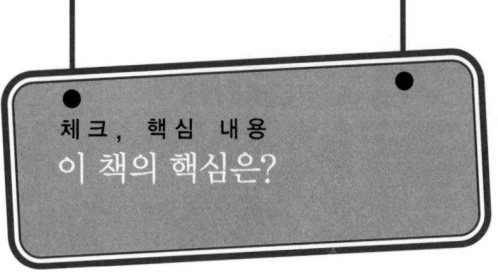

체크, 핵심 내용

이 책의 핵심은?

1. 비행기가 우주로 날아가지 못하는 까닭은 ☐☐ ☐☐ 을 이기지 못 하기 때문입니다.

2. ☐☐ 연료는 불꽃 제어가 쉽고 폭발력이 고체 연료보다 우수합니다.

3. ☐☐ 지방은 우주선 발사의 최적의 장소입니다.

4. ☐☐ ☐☐ 은 3만 6,000km 상공에서 지구 둘레를 24시간마다 한 바퀴씩 회전합니다.

5. ☐☐ 탈출 속도는 초속 11.2km 입니다.

6. ☐☐ ☐☐☐ 을 스페이스 셔틀이라고도 합니다.

7. 미국은 1973년 ☐☐ ☐☐☐ 스카이랩을 쏘아 올리는 데 성공했습 니다.

1. 지구 중력 2. 액체 3. 적도 4. 정지 위성 5. 지구 6. 우주 왕복선 7. 우주 정거장

우주선 발사

　우주선을 발사하기에 최적의 장소는 적도 인근입니다. 지구는 부푼 타원체로 되어 있어 적도 근처에서 지구 자전 속도가 가장 빠릅니다. 또, 우주선을 발사하기 위해서는 로켓이 지구 중력을 이겨내야 하는데 적도에서 중력이 가장 낮습니다. 즉 낮은 중력과 원심력을 이용하면 연료가 적게 들기 때문에 적도가 우주선 발사에 최적의 장소인 것입니다.

　그러나 그곳에 우주 기지를 갖고 있지 않은 국가는 적도 인근에서 우주선을 발사하고 싶어도 여의치가 않습니다. 하지만 우주선 발사의 이점이 크기 때문에 적도 인근에서의 우주선 발사를 포기하기는 아쉽습니다.

　적도 인근에서 우주선을 발사하려면 우주선을 그쪽으로 옮겨야 합니다. 우주선을 적도로 옮기는 방법은 육로와 해로와 하늘길을 이용하는 방법이 있습니다. 그러나 우리나라에서는 해로 이용만 가능합니다. 바다로 우주선을 옮기려면 배가 아주 커야 합니다. 큰 배의 상징은 항공 모함입니다.

우주선을 항공 모함에 싣고 적도 지역으로 이동합니다. 주인이 없는 태평양의 적도 근처로 항공 모함을 이동시킵니다. 항공 모함이 그곳에 도착했으면 발사 시간에 맞춰 항공 모함 선상에서 우주선을 쏘아 올립니다. 우주선이 멋지게 하늘로 날아오릅니다.

언뜻 이게 가능한 일이 아니라고 생각할 수도 있을 것이나, 항공 모함을 소유하고 있으면서 적도에 우주 발사 기지가 없는 미국과 러시아는 이런 계획을 일찍이 긍정적으로 연구해 왔습니다.

그리고 이러한 아이디어의 좋은 예가 2006년 8월 22일에 있었습니다. 우리나라의 무궁화 5호 위성을 항공 모함에 싣고 하와이 남쪽 태평양 적도 부근으로 가서 해상에서 지구 상공으로 쏘아 올린 것입니다.